图1 地膜覆盖栽培

图2 外遮阳网（左）和内遮阳网（右）

塑料小拱棚　　　　　　　塑料中棚

焊接钢结构大棚　　　　镀锌钢管装配式大棚

图3 防虫网覆盖栽培

图4 常用蔬菜设施

图5 补光与遮阴实景

图6 湿帘—风机降温系统

↗ 图 7 喷雾降温

↗ 图 8 膜下滴灌技术

↗ 图 9 黄色粘虫板

↗ 图 10 茄子嫁接

↗ 图 11 固定茄子植株

↗ 图 12 设施番茄

➚ 图 13　水培樱桃番茄

➚ 图 14　水培樱桃番茄根系发达，自身具有蓄水功能

➚ 图 15　大棚辣椒膜下滴灌

➚ 图 16　辣椒吊绳

➚ 图 17　黄瓜吊蔓

➚ 图 18　摘除黄瓜下部老叶

↗ 图 19　水培生菜育苗

↗ 图 20　水培生菜

↗ 图 21　水培生菜根系

↗ 图 22　带根采收

25 厘米

↗ 图 23　滴箭田间布置效果（左），滴箭布置示意（右）

↗ 图 24　草莓苗定植呈之字形

↗ 图 25　草莓椰糠基质栽培全景

"十三五"国家重点图书出版规划项目
改革发展项目库2017年入库项目

"金土地"新农村书系·现代农业产业编

# 蔬菜

## 设施栽培实用技术

刘建峰　黄继川　涂玉婷　等编著

SPM 南方出版传媒
广东科技出版社｜全国优秀出版社
·广州·

# 图书在版编目（CIP）数据

蔬菜设施栽培实用技术 / 刘建峰等编著 . —广州：广东科技出版社，2018.9（2020.7重印）

（"金土地"新农村书系·现代农业产业编）

ISBN 978-7-5359-6844-9

Ⅰ．①蔬⋯　Ⅱ．①刘⋯　Ⅲ．①蔬菜园艺—设施农业　Ⅳ．①S626

中国版本图书馆 CIP 数据核字（2018）第 008859 号

## 蔬菜设施栽培实用技术
Shucai Sheshi Zaipei Shiyong Jishu

出 版 人：朱文清
责任编辑：尉义明
封面设计：柳国雄
责任校对：陈　静
责任印制：彭海波
出版发行：广东科技出版社
　　　　　（广州市环市东路水荫路 11 号　邮政编码：510075）
销售热线：020-37592148/37607413
http：//www.gdstp.com.cn
E-mail：gdkjzbb@gdstp.com.cn（编务室）
经　　销：广东新华发行集团股份有限公司
排　　版：创溢文化
印　　刷：广东鹏腾宇文化创新有限公司
　　　　　（珠海市高新区唐家湾镇科技九路 88 号 10 栋　邮政编码：519085）
规　　格：889mm×1 194mm　1/32　印张 2.5　插页 2　字数 65 千
版　　次：2018 年 9 月第 1 版
　　　　　2020 年 7 月第 2 次印刷
定　　价：10.00 元

# 序 言

　　为贯彻落实党的十九大精神，实施乡村振兴战略，落实党中央国务院和广东省委、省政府的"三农"决策部署，进一步推进广东省新时代农业农村建设，切实加强农技推广工作，全面推进农业科技进村入户，提升农民科学种养水平，充分发挥农业科技对农业稳定增产、农民持续增收和农业发展方式转变的支撑作用，我们把广东省农业科学院相关农业专家开展技术指导、技术推广的成果和经验集成编撰纳入国家"十三五"重点图书出版规划项目、改革发展项目库2017年入库项目——《"金土地"新农村书系》的子项目"现代农业产业编"。

　　该编内容包括蔬菜、龙眼、荔枝、铁皮石斛实用生产技术及设施栽培技术、害虫生物防治、主要病虫害治理等方面。该编丛书内容通俗易懂，语言简明扼要，图文并茂，理论联系实际，具有较强的可操作性和适用性，可作为相关技术培训的参考教材，也可供广大农业科研人员、农业院校师生、农村基层干部、农业技术推广人员、种植大户和农户在从事相关农业生产活动时参考。

由于时间仓促，难免有错漏之处，敬请广大读者提出宝贵意见。

广东省农业科学院

二〇一八年一月

## 内容简介

Neirongjianjie

本书以华南地区大棚蔬菜生产为基础，主要介绍设施蔬菜产业及发展形势、设施结构及功能、设施蔬菜的环境条件与病虫害防治技术、主要设施蔬菜（茄果类、瓜类等）生产技术。

本书所介绍的生产技术具实操性和先进性，适合基层农业技术人员和种植专业人员参考使用。

**目 录**
Mulu

# 第一章
# 设施蔬菜产业及发展形势

## 一、设施蔬菜的内涵

设施保护地蔬菜是根据蔬菜生长发育规律和特点，采用现代化工业材料，通过集成现代农业技术与工程技术，人为创造优于露地生态环境的可控条件，为蔬菜生长提供适宜的光、热、土、肥、水、气的新型高效现代农业生产形式，可有效地减弱当地气候条件对蔬菜生产的影响，打破传统农业的季节性，以保障农产品的有效供给。目前被广泛应用于茄果类、瓜类、部分叶菜类及草莓等蔬菜、水果的生产。

## 二、设施蔬菜发展现状

"十一五"时期，我国设施蔬菜栽培发展迅猛，每年以10%左右的速度增长，目前已成为世界上设施栽培面积最大的国家，基本形成不同区域特色的设施类型、生产模式和技术体系。从设施类型来看小拱棚约占40%、大中棚约占40%、日光温室约占20%，智能连栋温室不足0.5%。从区域来看主要分布在环渤海湾及黄淮地区的山东、河北和辽宁一带，占55%~60%；在长江中下游地区主要发展塑料大棚，面积占18%~21%；在西北地区近年来积极发展以平地和山地日光温室及非耕地无土栽培为代表的设施蔬菜生产，约占8%；华南地区由于高温、台风等气候原因发展相对缓慢。

改革开放以来，广东省蔬菜种植规模持续快速增长。2013年广东省蔬菜总播种面积为130.7万公顷，总产量为3 144.47万吨，分别占全国蔬菜种植面积的6.3%及总产量的4.3%，是我国重要的蔬菜生产基地之一，然而设施蔬菜占比与主要蔬菜生产省份相比显著偏低，发展缓慢。在20世纪80年代初，广东地区主要引进小拱棚、地膜覆盖和遮阳网覆盖栽培技术，80年代后期随着水培和基质培这两种高效、实用栽培技术的兴起，广东地区开始利用设施进行反季节、特色作物的生产。目前，广东省的设施蔬菜生产主要有三种模式。

（1）纯生产模式，该模式以市场为向导，主要选用成本较低的塑料棚进行蔬菜生产，近年来在"政府投入为导向、农民和企业投入为主体、社会投入为补充"的政策引导下得到快速发展，是广东省设施蔬菜生产的主要力量。

（2）生产与观光兼用模式，主要生产反季节蔬菜或高档蔬菜供应市场或出口，主要靠生产投入来维持运作，同时具备观光功能。

（3）观光旅游模式，这种模式在现在农业观光园中应用较多，具有投资大、设备先进、作物品种新奇等特点。

经过多年的实践摸索，目前广东地区已开发出一批对当地气候适应性强、经济适用、市场前景好的多种设施类型。

## 三、广东设施蔬菜发展方向

进入"十二五"时期，在国家提出农业供给侧改革的新形势下，广东省提出了大力发展信息化、自动化、智能化的优质、高效、安全设施蔬菜产业发展方向。2015年，广东省农业厅提出了发展融合"设施、农艺、科技、质量安全、经营主体"为建设内容，以"机械化、科技化、标准化、信息化、专业化"为目标要求的五位一体现代农业基地建设，大力发展设施蔬菜生产，优化蔬菜种植和供给结构，提高设施蔬菜种植效益，增强蔬菜产业的市场竞争力。今后在"五位一体"现代化农业示范基地建设带动辐射下将强有力地促进广东现代设施农业的发展。

# 第二章
# 设施结构及功能

# 第一节　设施主要材料

设施大棚主要包括骨架结构和覆盖材料两个主要部分，骨架材料有简易的竹木结构、钢筋混凝土和铝合金等材料；而覆盖材料分为不透明和透明的覆盖材料，其中包括草苫、蒲席、纸被、棉被、塑料薄膜、玻璃及塑料板等。

## 一、设施骨架材料

（一）竹木

一般木头为柱、竹片为拱杆。具有取材广泛，价格便宜的优点。但遮阴面积大，其抗腐、抗压、抗风能力也较弱，使用寿命短。

（二）钢材

钢材无论强度、刚度、塑性和韧性等方面都远比其他材料更优。常用的钢材类型包括：①薄壁镀锌钢管，内外壁热镀锌；②圆钢，又称"钢筋"，用作工架或钢桁架的腹杆；③几子钢，主要作为拱杆使用。钢材结构寿命长，但同时造价也较高。

（三）钢筋混凝土

钢筋混凝土有良好的机械性能，抗压和抗拉能力较好，但存在体积和重量大，遮阴面积多等缺点。

（四）铝合金

铝合金的密度只有钢材的1/3，具有质地轻、耐腐蚀、塑性好、色泽美观等优点，是近年来应用于保护地建筑的新型材料。

## 二、设施覆盖材料

设施保护地覆盖材料主要有草苫、蒲席、纸被、棉被等传统材料和玻璃、塑料薄膜、防虫网、遮阳网、半硬质膜、硬质塑料板等工业材料。

（一）传统覆盖材料

传统生物质编织的草苫、草帘、棉被、纸被主要用于寒冷季节保温，这些材料具有来源广泛、价格低廉的优点，但存在易受雨雪侵蚀、易腐烂、污染薄膜等缺点。

（二）工业覆盖材料

工业覆盖材料具有防雨、防寒、生产标准化、轻型耐用等特点。主要有塑料薄膜、半硬质膜、硬质塑料板和玻璃等。具体介绍以下材料的功能特点：

1. 普通聚氯乙烯（PVC）薄膜

具有较好的透光和保温性能，防雾滴效果佳，但容易发生增塑剂的缓慢释放及吸尘现象，使透光率下降迅速，缩短使用年限。

2. 普通聚乙烯（PE）薄膜

比重轻，幅度大，吸尘少，无增塑剂释放；静电作用小，透光率高，空气相对湿度小；使用时可以创造温差大、湿度小、光照强的环境条件，最适合于茄果类、豆类生长。但存在薄膜易老化、寿命短、保温性能差、破损后不易粘补等缺点。

3. 功能性聚氯乙烯薄膜

主要有聚氯乙烯长寿无滴膜、聚氯乙烯长寿无滴防尘膜、聚乙烯多功能复合膜和乙烯－醋酸乙烯（EVA）多功能复合薄膜，这些功能性薄膜由于添加了防尘、防雾或防老化材料，因而具有相应的防水雾凝结、防尘、抗老化、保温性能好等功能。

表 1  不同薄膜的主要性能

| 类别 | 防老化性连续覆盖时间 / 月 | 防雾滴持效期 / 月 | 保温性 | 透光性 | 漫散射性 | 防尘性 | 转光性 |
|---|---|---|---|---|---|---|---|
| PVC 普通膜 | 4~6 | 无 | 优 | 前优后差 | 无 | 差 | 无 |
| PE 普通膜 | 4~6 | 无 | 差 | 前良后中 | 无 | 良 | 无 |
| PVC 防老化膜 | 10~18 | 无 | 优 | 前优后差 | 无 | 差 | 无 |
| PE 防老化膜 | 12~18 | 无 | 差 | 前良后中 | 无 | 良 | 无 |
| PE 长寿膜 | > 24 | 无 | 差 | 前良后中 | 无 | 良 | 无 |
| PVC 双防膜 | 10~12 | 4~6 | 优 | 前优后差 | 无 | 差 | 无 |
| PE 双防膜 | 12~18 | 2~4 | 中 | 前良后中 | 弱 | 良 | 无 |
| PE 多功能膜 | 12~18 | 无 | 优良 | 前良后中 | 中 | 良 | 无 |
| PE 多功能复合膜 | 12~18 | 3~4 | 优良 | 前良后中 | 中 | 良 | 无 |
| EVA 多功能复合膜 | 15~50 | 6~8 | 优 | 前优后中 | 弱 | 良 | 无 |
| PE 漫散射膜 | 12~18 | 无 | 中 | 中 | 弱 | 良 | 无 |
| PE 防雾滴转光膜 | 12~18 | 2~4 | 中 | 前良后中 | 弱 | 良 | 有 |

4. 半硬质膜与硬质塑料板

半硬质膜主要有半硬质聚酯膜（PET）和氟素膜（ETFE）。半硬质膜其表面经耐候性处理，具有 4~10 年的使用寿命。不同产品对紫外线的透过率显著不同，防雾滴效果与 PVC 薄膜相近。氟素膜对可见光和紫外线均具有较强的透过率，且随使用年限的增加，可见光透过率仍呈较高水平。氟素膜的使用寿命为 10~15 年，期间每隔数年需要进行防雾滴剂的喷涂处理，以保持较好的防雾滴效果。

5. 玻璃

玻璃对可见光透、近红外线及 330~380 纳米的近紫外线有较强的透过率。而对 300 纳米以下的紫外线则有阻隔作用，具有较强的保温效果。玻璃的使用寿命长，且具有优良的耐候性、防尘和防腐蚀性，但存在比重大、易破碎的缺点。

（三）其他功能性覆盖材料

1. 地膜

地膜覆盖具有增温、保湿、抑制杂草和防治病虫害的作用（图1）。无色透明地膜有着良好的透光性，增温保墒效果也很好，其缺点是透光地膜下易生杂草，铺膜前或铺膜同时需喷洒除草剂。有色地膜中的黑色地膜其透光性很差，可有效防止杂草丛生，但是土壤增温效果不如透明膜，且自身容易老化；银灰色条带膜是透明地膜或黑色地膜上印有银灰色条带，具有避蚜、防病的功能；黑白条带膜的中间是白色，两侧为黑色，白色利于土壤增温，黑色利于抑制杂草；黑白双面膜的乳白色面向上，可反光降温，黑色面朝下，可抑制杂草，主要用于夏、秋季蔬菜抗热栽培。此外，还有除草膜、光解膜和有孔膜等特种地膜，分别具有抑制杀灭杂草、易光解和增加地膜透气性的功能。

2. 遮阳网

遮阳网主要是遮挡阳光，起到降低设施内光照强度和温度的效果。遮阳网的颜色有黑色、银灰色、白色、蓝色、黄色、浅绿色、黑色与银灰色相间等。目前，设施栽培中应用较多的是黑色网和银灰色网，其中，银灰色网的透光性好，有避蚜虫和预防病毒病危害的作用；黑色网的遮阴、降温效果要优于银灰色网。

遮阳网在设施中有外遮阳网和内遮阳网两种使用方法（图2）。外遮阳网可将光照直接阻挡在室外，有效地防止室温升高。内遮阳网的降温效果稍差于外遮阳网，但该方式具有保温、防滴水等功能。

3. 防虫网

防虫网是采用添加了防老化、抗紫外线等化学助剂的优质聚乙烯（PE）为原料，经拉丝织造而成，形似窗纱，具有抗拉强度大、耐水、耐腐蚀、抗热、无毒、无味等特性。防虫网的规格参数包括幅宽、孔径、丝径、颜色等。防虫网的目数有 24 目、30 目、40目、50 目；幅宽有 1 米、1.2 米、1.5 米、2 米；颜色有白色、黑色和银灰色。

防虫网覆盖是解决我国南方地区夏、秋季光照强、温度高、雨水多、病虫害发生严重等制约夏季蔬菜生产因素的良好措施。防虫网的应用可有效阻隔害虫、降低虫口密度及减少以昆虫为媒介的病害传播发生（图 3）。

## 第二节　南方常用蔬菜设施介绍

南方地区由于气候优势，在设施蔬菜生产上所采用的设施类型主要可分为塑料小拱棚、塑料中拱棚、塑料大棚等，而日光温室则主要作为观光农业展示用，应用相对较少。

### 一、塑料小拱棚

塑料薄膜小拱棚的高度 0.5~1.5 米，宽度 1.0~2.5 米。拱架多以用竹片、细竹竿、荆条或直径为 6~8 毫米的钢筋弯制而成，各拱架之间通常用竹竿或铁丝将每个拱架连在一起。拱架上覆盖塑料薄膜，外用压杆或压膜线固定薄膜。

塑料薄膜小拱棚的结构简单，取材方便，容易建造，造价较低。加盖草苫后，增温的效果并不比大型的温室设施差，但存在空间小的问题，主要用于育苗、提早定植或矮小植株的作物栽培。

### 二、塑料中拱棚

塑料中拱棚一般高 1.5~2.0 米，跨度 4~6 米。有竹木结构、钢筋结构和混合结构，人可以在棚内操作。性能介于塑料小拱棚与设施之间。主要应用于育苗和果菜类蔬菜、草莓和瓜果的春早熟和秋延后栽培。

## 三、塑料大棚

从塑料大棚的结构和建造材料上分析，应用较多和比较实用的主要有简易竹木结构大棚、焊接钢结构大棚、镀锌钢管装配式大棚（图4）。

### （一）简易竹木结构大棚

这种结构的大棚一般跨度为6~12米，长度30~60米、肩高1~1.5米、脊高1.8~2.5米。主要用于种植果类蔬菜，其优点是取材方便，造价较低，建造容易。缺点是棚内支柱多，遮光率高，不便于机械作业，使用寿命短，抗压承重能力差。

### （二）焊接钢结构大棚

这种钢结构大棚，拱架是用钢筋、钢管或两种材料结合焊接而成的平面桁架，跨度8~12米，脊高2.6~3米，长30~60米，肩高1~1.2米。纵向各拱架间用拉杆或斜交式拉杆连接固定形成整体。拱架上覆盖薄膜，拉紧后用压膜线或铅丝压膜，两端固定在地锚上。焊接钢结构大棚骨架坚固，无中柱，棚内空间大，透光性好，作业方便，但这种骨架是涂刷油漆防锈，1~2年需涂刷一次，且造价相对较高，如果维护得当其使用寿命6~7年。

### （三）镀锌钢管装配式大棚

这种结构的大棚骨架，其拱杆、纵向拉杆、端头立柱均为薄壁钢管，并用专用卡具连接形成整体，所有杆件和卡具均采用热镀锌防锈处理，是工厂化生产的工业产品，已形成标准、规范的多种系列产品。这种设施跨度4~12米，肩高1~1.8米，脊高2.5~3.2米，用管壁厚1.2~1.5毫米的薄壁钢管制成拱杆、立杆、拉杆，设施长度 20~60 米，拱架间距 0.5~1 米，通风口高度 1.2~1.5 米，纵向用纵拉杆（管）连接固定成整体。可用卷膜机卷膜通风、保温幕保温、遮阳幕遮阴和降温。镀锌钢管装配式大棚建造方便，并可拆卸迁移，棚内空间大、遮阴少、作业方便；有利作物生长。构件抗腐蚀、整体强度高、承受风雪能力强，使用寿命可达 15 年以上。

# 第三章

# 设施蔬菜的环境条件与病虫害防治技术

设施栽培因有塑料薄膜覆盖，形成了相对封闭与露地不同的特殊小气候。设施蔬菜生产必须掌握设施内光照、温度、湿度、气体和土壤环境的特点，并采取相应的调控措施，满足蔬菜生长发育的条件要求，从而达到优质、高产的目的。

# 第一节　设施蔬菜的环境条件

## 一、光照

### （一）光照特性

光照是作物光合作用的能源，光照条件的好坏直接影响到作物产量和质量的高低。塑料大棚的光照条件主要包括光照强度、光照时数、光照分布和光质四个方面，主要表现为以下特点：①由于覆盖材料对太阳光的吸收和反射及不透明物体的遮挡作用，导致设施内的光照强度减弱；②低温季节早晚保温材料的覆盖，导致光照时数缩短；③由于受建筑方位布置、室内结构及骨架遮阴等因素的作用，使设施内光照在垂直和水平方向上存在分布不均匀的现象；④由于覆盖材料对光的选择吸收，使进入设施内的光质不全。各种常用覆盖材料对红外线的透过率由高到低依次为聚乙烯薄膜＞聚氯乙烯薄膜＞玻璃；对可见光的透过率为聚氯乙烯薄膜~玻璃＞聚乙烯薄膜；紫外线透过率为聚乙烯薄膜＞聚氯乙烯薄膜＞玻璃。

### （二）光照调控技术

合理的光照需根据不同蔬菜作物对光照强度的需求进行调节。不同作物具有各自的光补偿点和光饱和点。番茄的光补偿点为 1 500~2 000 勒，光饱和点为 60 000~70 000 勒，属强光性作物；而黄瓜、茄子和辣椒等光补偿点为 1 500~2 000 勒，光饱和点为 30 000~45 000 勒，属中强性作物，虽需要强光，但有一定的耐弱光性；菜豆、草莓的光饱和点为 20 000~30 000 勒，属中光性作物；生菜、茼蒿等光饱点为 10 000 勒以下，属弱光性作物。此外，光照时数对作物的花芽分化、休眠等生理过程也具有特殊作用。因此，根据作物的种类及生育阶段，调节光照条件是大棚蔬菜获得高产的关键所在。具体调控措施如下：

1. 优化大棚结构

选择适宜的建筑场地及合理的建筑方位，保证棚内光照分布均匀，大棚之间的距离以棚高的 2/3 为宜。选用透光好、耐老化、无污染的塑料无滴膜做作透明覆盖材料，并保持透明屋面光洁、干净。根据实际种植作物对光质的需求选择合适的覆盖材料。如玻璃基本不透过紫外辐射，影响花青素的显现，果色、花色和维生素的形成；聚乙烯（PE）和玻璃纤维增强聚丙烯树脂（FRA）覆盖材料对紫外线的透过性能较好，棚内适宜种植需要着色的紫茄子、草莓等。

2. 蔬菜合理布局

为能充分利用光能，增加有效叶面积，首先在定植时要做到密度合理，在管理中维持总体高度不超过温室高度的 2/3。冬季阳光斜射，遮光面积大，株行距应大一些。此外，在作物的生长过程中及时整枝打叉、摘除老叶病叶也有利于作物采光。

3. 人工补光

在传统的设施栽培中，通常使用白炽灯、荧光灯、金属卤化物灯和高压钠灯进行补光；近年来，各种波长的发光二极管（LED）在设施农业上得到应用推广，具有能耗低、冷光源可近距离补光等优势。冬季人工补光可缩短育苗时间，使幼苗健壮，促进早熟。另外，在阴天和雪雨天，适当补充光照，可以抑制幼苗发生病害。

4. 遮阴

遮阴的目的是降温和减弱光照强度。初夏以后的中午，温室设

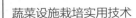

施往往出现光照过强和温度过高的小气候，此时需要遮阴。秧苗移植或扦插嫁接后，为促进缓苗也需要遮阴。常用的遮阴材料有遮阳网、芦帘、合成纤维网、无纺布、铝膜等（图5）。

## 二、温度

### （一）温度特性

设施内气温昼夜温差变化幅度比露地大，上午日出后设施内气温迅速升高，正午时密闭的设施内气温可比室外高15~20℃；在下午随着室外太阳辐射的减弱设施内的温度迅速下降，次日凌晨，设施内温度达到最低点。昼高夜低、温差大是设施内气温的突出特点。

设施内气温因设施结构、室内太阳辐射和气流运动的差异等因素导致室温空间分布具有一定的不均匀性。在垂直方向上，白天近顶处温度最高，中下部较低，夜间则相反；中午上下部温差大，清晨与夜间温差小；晴天上下部温差大，阴雨天则小；冬季气温低时上下温差大，春季气温高时则小。在水平方向上，南北向设施的中部气温较高，东西向近棚顶处较低。大棚棚体愈大，棚内温度分布较均匀，变化幅度较小；棚体小则相反。

### （二）温度调控技术

在夏季温度过高，设施内温度可达到60℃，甚至更高，严重影响作物生长，需调节降低设施内温度。可通过打开棚顶天窗和侧窗联合通风自然降温、外覆盖遮阳网、采用水帘—风机系统（图6）和喷雾降温系统（图7）降温。此外，还有屋顶喷淋或遮阳网喷淋的方式进行降温，但易造成棚顶生长青苔或绿藻，降低覆盖材料的透光性能。

冬季增温的措施主要有揭盖草帘、塑料薄膜多层覆盖和人工增温三种方式。人工增温是通过在棚内设加热设备提高空气温度，用电热线或地暖管道等提高地温。

## 三、湿度

### （一）设施内湿度变化特点

设施内的湿度受室内气温、土壤湿度、植物茂盛程度、室内加温和通风及室外气象情况等多种因素的交互影响。设施内的湿度是影响作物生长发育的重要环境因子。

1. 空气湿度

由于塑料薄膜的密闭性，同时植物蒸腾、土壤水分蒸发等作用致使棚内水蒸气的含量要比棚外高 3~4 倍。棚内空气相对湿度变化与温度成负相关，棚温升高，相对湿度降低，棚温每升高 1℃，相对湿度下降 5%~6%；棚温降低，相对湿度升高；晴天刮风天相对湿度低，阴雨雪天相对湿度显著上升。设施内湿度大小对植物的光合作用和病害有较大影响。一般情况下，在相对湿度 75%~85% 的净光合速度达到最大，相对湿度过高，如达到 90% 以上时，作物的蒸腾作用受到抑制。持续的高湿度下，作物易发生各种病害；而相对湿度过低，植物将部分关闭小气孔开度来控制蒸腾量，这样将造成二氧化碳不足而减弱光合强度。

2. 土壤湿度

设施内土壤水分主要受灌水的影响，设施在不通风时空气湿度高，土壤蒸发量小，使土壤湿度也高，尤其是晴天夜间，棚膜上会凝集大量水珠，当其积累到一定量时，就会形成"冷雨"降到地面，又增加了土壤的湿度。当气温回升，设施加大通风时，土壤蒸发量加大，土壤水分明显下降，气温越高，通风时间越长，土壤湿度就越小。

（二）湿度调控技术

1. 降低室内湿度

设施内空气湿度主要靠通风换气来调节和控制。当室外湿度较低时，可直接通风换气降低室内湿度。在室外气温较低的季节，通风易散失热量，导致室温降低，因此应采用晚通风，早闭棚，揭膜或开窗时应在背风面进行，并控制通风量的大小，或采取间歇通风的办法。高温季节应降温、排湿，需进行早通风，甚至昼夜通风，可在迎风面通风。加温、降湿是另一种有效的方法，可在晴天上午闭棚快速升温，然后通风，连续操作可显著降低室内湿度；而冬季结合设施内采暖，也可有效降低室内相对湿度。此外，采用膜下滴灌技术（图 8），减少土壤水分蒸发，可大幅度降低空气湿度（10%~20%），同时还可以增加土壤湿度和提高地温。

2. 增加室内湿度

在高温干燥季节，室内植物较为稀少，采用无土栽培或床架栽培方式，铺设混凝土地面等情况下，室内相对湿度可能低于 40%，这时就需要进行加湿调节，常用的加湿方法有增加灌水、喷雾加湿。采用喷雾还可达到降温的效果，一般可使室内相对湿度保持在 80% 左右。

# 四、气体

（一）二氧化碳浓度特点及其调节

二氧化碳是植物进行光合作用合成碳水化合物的主要原料，被称为"气体肥料"。由于薄膜的密闭性，在作物植株高大、枝叶茂盛的情况下，棚内空气中的二氧化碳浓度变化很剧烈。早上日出之前由于作物呼吸和土壤释放，棚内二氧化碳浓度比棚外浓度高 2~3 倍；8:00—9:00 以后，随着叶片光合作用的增强，棚内二氧化碳浓度下降至 100 毫摩尔 / 升以下。尤其在寒冷季节较少通风的情况下出现二氧化碳浓度不足的现象，影响作物光合作用。设施内二氧化碳浓度主要调节措施有通风换气和人工增施二氧化碳。人工增施二氧化碳的方法主要有以下几种方法。

1. 微生物分解法

在设施内施用颗粒有机生物肥、秸秆、麦糠等物料，通过微生物的分解作用缓慢释放二氧化碳。

2. 物理法

利用固体干冰在常温下吸热后升华释放出二氧化碳，具体操作是在行间开沟撒施，每隔 30 厘米放 1 片干冰片剂，深埋 20 厘米以下，使土壤保持疏松状态，这样有利于气体的释放。

3. 化学反应法

包括强酸与碳酸盐反应法、吊袋二氧化碳施肥法和有机燃料燃烧法三种常用方法。强酸与碳酸盐反应法主要是用稀硫酸和碳酸氢铵反应产生二氧化碳；吊袋式二氧化碳施肥由发生剂和促进剂组成，使用时将二者拌匀，放入带气孔的吊袋中悬挂在设施中的骨架上，吊袋内产生的二氧化碳可供作物吸收利用；有机燃料燃烧法是用专制二氧化碳发生器在设施内燃烧有机燃料生成二氧化碳。

（二）有毒气体的为害和防止办法

设施栽培经常处于密闭状态，很容易积累有毒气体，如氨气、二氧化氮、一氧化碳、二氧化硫、乙烯等。这些气体达到一定的浓度，就会影响蔬菜生长。为防止设施内有毒气体为害，可采取以下措施。

（1）有机肥料要充分腐熟，并且用量要适当，不能施用过多。不宜在冬、春季密闭的设施内施用鲜厩肥或尚未腐熟的粪肥作基肥。

（2）严禁使用碳酸氢铵作追肥，用尿素或硫酸铵作追肥时要掺水浇施或穴施后及时覆土。肥料用量不能过量。

（3）低温季节追肥以后的数天之内，应适当加强通风，以排除有害气体。

（4）冬季加温时，选用品质较好的燃料，并保证充分燃烧。有条件的要用热风或热水管加温，把燃后的废气排出棚外，避免明火加温。

（5）尽量采用聚乙烯膜作为棚膜，以聚氯乙烯为材料制成的塑料制品或其他材料，用后要及时搬出棚外。

## 第二节　设施蔬菜耕作及土壤管理

由于设施生产在管理上比露地要精细得多，土壤复种指数高，施肥量大，不受地表径流影响，养分淋洗作用弱，这就决定了室内的土壤营养条件与露地显著不同。设施保护地土壤在连续耕作后普遍存在养分累积过多、中微量元素缺乏、养分不均衡、土壤酸化、次生盐渍化、土壤有害真菌生物量增加等问题。在设施保护地土壤耕作、土壤改良、土壤消毒、土壤培育和施肥灌溉方面与露地存在较大差异。

### 一、合理轮作

（一）蔬菜品种间的轮作

轮作亲缘关系较远的蔬菜品种，可有效减少病虫害的相互侵染。如进行水旱轮作、粮食与蔬菜轮作、葱蒜类与其他蔬菜轮作等，可调节土壤微生物环境，减少病害发生。

（二）轮作肥料需求特性差异大的蔬菜

不同蔬菜对养分的偏好不同，可以通过轮作进行调节土壤养分平衡。如叶菜需求氮素较多，茄果类蔬菜需求磷肥较多，而薯芋类蔬菜需求钾肥较多。

（三）轮作根系深浅差异大的蔬菜

通过不同茬口蔬菜根系的深浅不同，可以吸收调节不同土层养分。如十字花科蔬菜根系较浅，而茄科和豆科等蔬菜根系较深，相互轮作可有效调节土壤养分的空间均衡性，提高养分利用率。

（四）轮作固氮植物或绿肥植物

在休耕期适合种植固氮植物或绿肥的条件下，可考虑轮作豆科植物或绿肥植物，利用其固氮作用和绿肥回田来培育土壤。

（五）轮作根系分泌物差异大的蔬菜品种

不同蔬菜根系分泌物有明显差别，而不同的根系分泌物对植物生长会产生抑制或促进的明显不同的效应。如萝卜、油菜等作物可分泌大量有机酸提高土壤磷的有效性；禾本科作物根系分泌麦根类非蛋白组分氨基酸，可螯合多种金属离子；白菜类根系分泌糖苷硫氰酸酯抑制丛植菌根发育；葱蒜类蔬菜根系分泌物质对番茄青枯假单胞菌有抑制作用。通过蔬菜根系分泌物的不同进行科学轮作有利于降低病害发生。

# 二、土壤改良

（一）次生盐渍化改良

1. 灌水洗盐

利用设施蔬菜换茬空闲时间灌水浸泡，建立水层 5 厘米以上然后排水，重复操作 2~3 次可显著降低土壤积累的盐分。

2. 揭棚淋溶

在雨季揭开薄膜，利用雨水淋溶作用冲洗土层盐分。一般在清棚换茬的空档期进行操作。

3. 提升土壤有机质

通过绿肥、秸秆回田，增施有机肥等措施提高土壤有机质含量，提升土壤吸附盐分的能力，改善土壤团粒结构，提高土壤的缓冲能力，降低土壤盐分对蔬菜根系的危害。

4. 科学施肥

根据不同蔬菜营养特性采用专用配方肥料，根据土壤地力情况进行测土配方施肥及水肥一体化滴灌施肥，采用有机无机配合施肥等措施可有效降低肥料投入量，提高养分利用率，降低盐分累积。

（二）酸性土壤改良

在广东地区土壤普遍呈酸性，而设施蔬菜长期高强度的复种，大量施入化肥导致土壤酸化趋势愈加明显，因此改良土壤酸性对提升设施菜地土壤肥力具有重要意义。不同蔬菜适宜的 pH 不同，黄瓜为 5.5~6.7、南瓜 5.0~6.8、番茄 5.2~6.7、茄子 6.8~7.3、辣椒 6.0~6.6、大白菜 6.0~6.8、菜豆 6.0~7.0。根据蔬菜对 pH 的要求适当调节土壤酸碱度有利于蔬菜生长。一般可在翻耕前撒施生石灰，结合土壤消毒调节土壤酸碱度；也可通过有机肥的投入比例，通过有机质提升土壤团粒结构，增强土壤的酸碱缓冲性能。

## 三、土壤消毒

设施蔬菜栽培由于其环境相对密闭独立，土壤微生态平衡逐渐被打破，趋向劣化，导致土壤病原菌种类和数量增加，影响蔬菜安全优质生产。土壤消毒主要是为了降低或消除土壤中病原菌的数量，也是调节土壤微生态平衡和恢复地力的主要措施。

（一）物理消毒

主要包括高温消毒和紫外线消毒等方法。高温消毒主要操作要点为土壤深翻后灌水闭棚，利用日光加温至 70℃以上，通过高温高湿环境杀灭多种病原菌，如果结合撒施生石灰、碳酸氢铵、石灰氮等效果更好。紫外线消毒主要是采用紫外灯照射消毒表层土壤病原菌。

（二）化学消毒

采用化学药剂，通过病虫接触或内吸从而破坏其生物代谢起到防控病虫害的效果。常见药剂有多菌灵、福尔马林、代森锰锌、波尔多液、氯仿熏蒸剂及硫黄粉等，适量施用可防控根腐病、茎腐病、青枯病、炭疽病、黑斑病和灰霉病等。施用时以采用低毒、适量为原则，避免造成土壤污染。

（三）生物消毒

生物消毒是指采用有益生物的竞争或寄生来防控有害病虫危害的方法。主要指应用活体有益微生物制剂的施用对土壤中病原菌的抑制，防止病原菌繁殖，从而起到防控病害的效果。

# 四、土壤培肥

（一）测土配方、科学施肥

测土配方施肥指在对土壤肥力进行分析的基础上调节肥料配方，补充和平衡土壤氮、磷、钾和中微量元素养分，有效调节土壤各种养分的比例，从而提高土壤肥力。

（二）绿肥、有机肥回田

通过秸秆、绿肥还田，增加农家肥、有机肥的投入比例，可逐步提高土壤有机质含量，改善土壤团粒结构，而且可以增强土壤的酸碱缓冲能力，提升土壤耕性。在有机质含量高的土壤中施用化肥往往具有较高的养分利用效率。

（三）科学水肥管理措施

采用现代高效的施肥农艺措施是提高肥料利用，降低肥料投入的最直接的途径。如基肥采用条施、穴施覆土；追肥采用膜下滴灌少量多次施肥；中微量元素在作物生长的关键时期采用叶面喷施补充等方式均可起到良好的施肥效果。

（四）适时休耕

设施蔬菜土壤由于长期的密闭环境和高强度的种植模式及大量化肥投入造成土壤综合肥力下降，应尽量在换茬空档期揭膜开棚，深翻土壤后进行休耕，通过露地环境的调节改善土壤肥力。

# 第三节　设施蔬菜病虫害防治技术

## 一、选用优良品种，培育壮苗

（一）选用抗逆性强的品种

由于设施蔬菜地环境具有高温、高湿的特点，易于滋生病菌，利于害虫越冬，而且因光照弱、肥水大、植株鲜嫩，害虫喜欢掠食，所以病虫害往往发生较为严重。选用抗病、抗虫性强的蔬菜品种可有效抑制病虫害的发生。

（二）种子消毒、培育壮苗

培育壮苗是提高作物长势，增强自身抗逆性的前提。在播种前通过晒种、60℃左右的温水浸种自然降温可杀灭种子携带的多种病原体；此外，在种子催芽露白后在4℃左右进行冷处理3~5小时可以有效防止苗期徒长，增强抗逆性。通过选用抗逆性好的野生品种作为砧木进行嫁接，对于防控土传病害具有显著效应。

## 二、农业防治和物理防治

（一）轮作倒茬

采用水旱轮作，如辣椒、番茄、马铃薯等作物收获后下一茬种植水稻、水生蔬菜或姜、葱、蒜类蔬菜等，通过轮作防治土传病害。

（二）深翻根层土壤、灌水闷棚

选择在夏季高温季节，两茬作物间隔期，结合整地施有机肥、生石灰等，然后灌水保持田间持水量为60%左右，覆盖地膜，然后闭棚，在夏季闷棚室内温度可70℃以上，地表下10厘米温度可达55~70℃，10天左右有效杀灭菌核病、立枯病、疫病等病原菌，而根腐病、根肿病和枯萎病等需要闷棚30天以上方能起到较好的消毒效果。

（三）防虫网、粘虫板、杀虫灯

利用防虫网、粘虫板（图9）和杀虫灯等通过物理阻隔、诱捕等措施，可有效降低菜青虫、小菜蛾、甘蓝夜蛾、黄曲跳甲、蚜虫等害虫基数，降低害虫危害程度及害虫传病概率。

1. 防虫网

蔬菜生产上以20~32目为宜，不需薄膜覆盖的情况下可将防虫网直接覆盖于大棚架上，覆盖薄膜的大棚可将防虫网覆盖于大棚的通风口及出入口处。

2. 杀虫灯

一般杀虫灯的光谱范围越宽，诱虫种类越多。杀虫灯可诱捕鳞翅目、鞘翅目、双翅、同翅目和直翅目类多种害虫。杀虫灯灯光诱虫范围一般为80~100米，有效面积约30亩。

3. 粘虫板

主要分为黄色和蓝色两种，也是利用害虫的趋光性，在设施内悬挂一定数量的黄色或蓝色的粘虫板，可以捕杀潜叶蝇成虫、粉虱、蚜虫、叶蝉、蓟马等多种害虫。粘虫板的悬挂高度直接影响防效，在蔬菜幼苗期悬挂高于植株15厘米左右，如是高秆植物，则在行间悬挂，距地面0.8~1.0米，悬挂密度以每亩25块为宜。

（四）设施环境调控

通过增加光照可增强蔬菜长势，从而提高蔬菜的抗虫性。通风降温、降湿可降低病害发生，可在晴天的上午闭棚，利用日光升温至 35℃ 以上进行通风，反复操作 2~3 次可显著降低棚内湿度，此外，采用膜下滴灌技术也能够有效控制设施内湿度。在栽培管理中及时摘除老叶、残枝、病叶和病果，深埋或焚烧，防治病害发生。

## 三、化学防治

化学防治又叫药物防治，是用化学药剂的毒性来防治病虫害。化学防治是植物保护最常用的方法。其优点：①收效快，防治效果显著。它既可在病虫发生之前作为预防措施，也可在病虫害发生之后作为补救措施。②使用方便，受地区及季节性限制小。③可以大面积使用，便于机械化操作。④防治范围广，绝大多数病虫均可利用化学农药防治。⑤药剂可规模化工业生产，远距离运输且可长期保存。化学防治的缺陷：①农药毒性大，高残留，易污染环境；②易危害天敌和其他有益生物；③反复使用易产生抗药性，降低防效。在使用农药时，需根据药剂、作物与病害特点选择施药方法，以充分发挥药效，避免药害，尽量减少对环境的不良影响。化学药剂主要施药方法有喷雾法、喷粉法、种子处理、土壤处理、熏蒸法和烟雾法等，具体应用见"附录 1　主要蔬菜病虫害防治用药种类及方法"。

## 四、生物防治

生物防治是指运用天敌、有益生物、生物提取物及人工合成生物类产品对病虫害进行有效防控的技术措施。

（一）利用天敌防控

最为常见的是在虫害防控上应用捕食性和寄生性两种机制。在捕食性方面，如利用食蚜瘿蚊、七星瓢虫、龟纹瓢虫、捕食性小姬蜂捕食蚜虫；利用捕食螨捕食蔬菜叶螨、蓟马和红蜘蛛；利用赤眼蜂捕食烟青虫、菜青虫、小菜蛾；利用丽蚜小蜂捕食蔬菜白粉虱和烟粉虱等。在寄生性方面，如利用小姬蜂、蚜茧蜂等防控蚜虫、鳞翅目等多种害虫。

（二）利用有益生物防控

在蔬菜生产上应用有益生物制剂防控病毒病、细菌性病害、真菌性病害是一种行之有效的方法。如在应用 M52 弱毒株系微创接种阻止强致病性病毒入侵，可防控番茄花叶病、黄瓜花叶病；利用多黏类芽孢杆菌防治茄科蔬菜青枯病等细菌性病害；利用枯草芽孢杆菌、地衣芽孢杆菌和蜡质芽孢杆菌防治茄科、葫芦科、豆科蔬菜的根腐病、枯萎病和生姜姜瘟病等多种真菌性病害；利用木腐菌等真菌防控蔬菜灰霉病、晚疫病、枯萎病、根腐病、炭疽病、黑茎病、立枯病等多种真菌性病害。

在虫害防控方面，如利用 Bt 乳剂、白僵菌、绿僵菌乳粉防控鳞翅目害虫；利用昆虫病毒类杀虫剂如核型多角体病毒和颗粒体病毒防控甘蓝夜蛾、小菜蛾、斜纹夜蛾和甜菜夜蛾等。

（三）利用生物提取物防控

蔬菜生产上应用菊酯类和拟菊酯类、生物碱、萜烯类、黄酮类等天然生物提取物防控鳞翅目、半翅目、双翅目、螨类等多种害虫。利用萜烯类蛇床子素可防控蔬菜白粉病、锈病、灰霉病；利用苦参碱可防控瓜类病毒病、霜霉病；利用大蒜素防控红薯黑斑病；利用木酢液防控蔬菜灰霉病。

（四）利用人工合成抗生素防控

目前常用的人工合成抗生素有农用链霉素、新植霉素、农抗120、多氧霉素、武夷菌素、申嗪霉素、宁南霉素和春雷霉素、华光霉素等，可防治多种蔬菜细菌性和真菌性病害。

# 第四章

# 主要设施蔬菜生产技术

# 第一节　设施茄果类蔬菜生产技术

## 一、茄子

茄子是茄科茄属以浆果为产品的一年生草本植物，在热带可多年生。茄子以夏季传统露地栽培为主，随着保护地蔬菜栽培技术的发展，露地与设施保护地栽培共存，由于保护地栽培茄子可有效补充露地栽培茄子的空档期，具有很好的经济效益，市场潜力巨大。

（一）品种选择

保护地一般冬、春季栽培，光照弱、温度较低。选择长势旺、分枝性强、耐寒、耐弱光、抗病、抗逆性好、适合市场消费的品种，如茄杂 2 号、茄杂 9 号、10-702 长茄、布利塔和娜塔丽（10-706）等。

（二）培育壮苗

### 1. 育苗基质准备

将充分腐熟陈化好的牛粪和未种过茄科蔬菜的大田土按 1:3 配制，另加 0.1% 多菌灵或百菌清混匀，最好将事先配制好的营养土混入 2% 福尔马林用薄膜覆盖 5~7 天，然后摊开暴晒将气体充分散去备用。每立方基质可添加硫酸钾型复合肥 1 千克，混匀后装填营养钵。

### 2. 催芽育苗

设施越冬栽培茄子多在 8 月底至 9 月上旬播种，早春茄子可在 10 月育苗。播种前晒种 2 天，种子 60℃温水浸种，待水温自然下降后清水冲洗→1% 高锰酸钾溶液浸泡 10 分钟→清水冲洗→室温下浸种 6 小时→湿布包裹催芽，每天透气（白天 30℃，夜间 20℃）→露白→2℃左右保持 3~5 小时→播种。将装填基质的营养钵浇透水，打 1 厘米深播种孔，每孔播种 1 粒种子，覆盖基质浇水。播种后白天温度 25~28℃，夜间温度 15~18℃，视长势而定可淋施追 0.2% 复合肥溶液。定植或嫁接前控制浇水，低温炼苗、蹲苗。

3. 嫁接

采用抗病性好、根系发达的野生茄子做砧木进行嫁接育苗是解决茄子青枯病、根腐病和黄萎病等土传病害的有效措施。嫁接砧木一般采用野生茄子或托鲁巴姆，嫁接方法采用贴接和劈接两种方法，砧木需要比接穗提前 30~40 天育苗。（图 10）

当茄子幼苗进入 3~4 叶期时则可嫁接，选择晴天、无风、遮阴的条件操作。在营养钵砧木上操作。

（1）贴接法：取 4~5 片真叶的砧木苗 1 株，留 1 片真叶，30° 斜削去掉生长点，把接穗从子叶以上斜削，刀口长度为 0.5~0.7 厘米，使砧木与接穗刀口吻合，用嫁接夹固定。

（2）劈接法：取 5~6 片真叶，茎粗如铅笔杆的砧木苗 1 株，留 2 片真叶剪去生长点，将砧木向下切 1 厘米，把接穗从子叶上 1 厘米处削成楔状，插入砧木切口，使砧木切口和接穗吻合，用嫁接夹固定。

4. 嫁接苗管理

嫁接后闭棚遮阴，白天温度在 28~30℃，夜间 18~20℃，遮阴 4 天后可逐渐加强光照，弱光培养 2~3 天后可揭开遮阳网转入正常管理。移栽前 1 周控制浇水，夜间通风降温，炼苗、蹲苗。

（三）移栽定植

1. 整地施肥

选用上茬为非茄科作物耕地，撒施辛硫磷深翻 30 厘米晒土防治地下害虫，精耕耙平后高温闷棚；每亩施用腐熟有机肥 2~3 吨、复合肥 50~60 千克、钙镁磷肥 50 千克，整理成畦面高 15 厘米，宽 90~100 厘米，采用高畦地膜覆盖栽培，铺设膜下滴灌管道。

2. 移栽

茄子定植的生理苗龄期为现蕾期，在 10 月下旬至 11 月上旬定植，以双行错对交叉种植，行距 60 厘米、株距 50 厘米、栽 2 000~2 200 株 / 亩为宜。定植后采用滴灌浇透水。

（四）田间管理

1. 水肥管理

定植时浇足水，缓苗期一般控制浇水，不追肥。缓苗后待门茄"瞪眼"后可追施 0.2% 复合肥营养液，视土壤水分而定进行滴灌浇水，每次以土层 30~40 厘米湿润为宜。进入盛果期每采收 1 次滴灌施用高氮高钾型复合肥 8~10 千克 / 亩。根外施肥可在初花期、盛果期喷施 0.2% 磷酸二氢钾、0.3% 尿素和 0.3% 硼砂营养液或成分相近商品叶面肥，提高开花坐果。

2. 温湿度管理

定植后保持棚内温度为 25~30℃，缓苗期约 1 周，此期间若温度过高则开小风通风，避免温度变化过于激烈。缓苗后白天 25~35℃，夜间 15~20℃，一般上午 10:00 左右打开设施通风口或侧面薄膜进行通风以降低温度和湿度，下午视气温情况在 4:00—5:00 闭棚，如夜间最低气温稳定在 13~15℃时可昼夜通风不封棚。

3. 其他管理措施

茄子采用双杆整枝，及时摘除门茄以下的侧枝，降低营养消耗。可在两行茄子的外侧插竹竿拉绳对茄子苗进行相应的支撑（图 11），及时摘除老叶残花，防止病虫害发生。在弱光照、气温低的天气可采用 10~30 毫克 / 千克 2,4-D 或 30~50 毫克 / 千克防落素于上午 10:00 前在果柄处抹花或喷花以促进坐果，注意标记花朵，避免重复处理。

（五）病虫害防治

（1）农业防治、物理防治（见"第三章第三节"）。

（2）化学防治（见"附录1"）。

（六）采收

茄子以鲜嫩浆果为产品，及时采收达到商品成熟的果实，对于产量、品质和效益非常重要。采收要掌握"宁早勿迟、宁嫩勿老"的原则。一般在开花后 25~30 天，当茄子的"茄眼"不明显，果实呈本品种应有的光泽，手握柔软有黏着感时采收。门茄是属于茄子营养生长和生殖生长重叠期，门茄应适时早收，有利于茄子茎叶生长，增加产量，且能够提早上市获取好价钱。采果应使用剪刀在上午进行。

## 二、番茄

番茄别名西红柿，原产于南美洲西部的秘鲁厄瓜多尔地区。广东地区传统种植为冬、春季露地栽培，但由于该季节常有连阴雨和低温天气出现，对番茄产量和品质影响极大，保护地番茄栽培既能够避雨，又能够保温，特别适宜番茄生产。

（一）品种选择

选择适宜广东市场消费、耐低温、弱光、抗逆性好的品种。如普拉达、超级新迪欧、普罗斯旺、东农 709 等。

（二）培育壮苗

番茄与茄子同属茄科植物，也可采用抗病性好的野茄子作为砧木进行嫁接育苗，可有效解决番茄的土传病害。

1. 育苗基质准备

番茄育苗基质准备可参考茄子育苗。

2. 催芽育苗

广东冬、春季保护地番茄播种时间在立秋之后，一般为 8—10 月，如采用嫁接育苗，砧木需提前 1 个月。播种前首先晒种 1~2 小时，但忌暴晒，然后将种子浸泡在 50~55℃水中不断搅拌→待水温降至 30℃浸种 4~6 小时后捞起→用 10%磷酸三钠溶液浸泡 15 分钟→清水冲洗后用干净湿纱布包好置于 25~30℃条件下催芽→待 60%种子露白即可播种。每杯育苗基质播种 1 粒种子，覆盖营养土后浇透水，覆膜。播种后白天温度控制在 28~30℃，夜间温度在 18~20℃；出苗后白天保持温度 20~25℃，夜间温度 10~15℃。注意控制夜温，如温度过高易造成幼苗徒长。视长势而定可淋施稀薄人粪尿或 0.2%复合肥溶液。定植或嫁接前控制浇水，降低夜间温度至 12~15℃，炼苗 1 周。

3. 嫁接及管理

嫁接及嫁接苗管理方法参考茄子嫁接。

（三）移栽定植

1. 整地施肥

选择前茬为非茄科作物的菜地，深翻晒土，结合高温闷棚杀灭虫卵。每亩施用腐熟有机肥或农家肥 3 吨、复合肥 40~50 千克、钙镁磷肥 80 千克，也可一次性施用缓控释肥料 100 千克，后续可不必施肥，再亩施辛硫磷颗粒剂 2.5~3 千克拌细土 30 千克撒入土壤防治地下害虫，结合精耕耙平，起畦，包沟宽度为 1.2~1.4 米，沟宽 30 厘米、深 15 厘米。畦面整好后铺设滴灌带，覆盖黑色地膜。

2. 移栽

当番茄幼苗长到 6~8 片真叶，第一花序现蕾时则可移栽。选择晴天上午进行移栽，采用双行定植，定植密度为每亩 1 600 株。定植后浇水，闭棚遮阴。

（四）田间管理

1. 水肥管理

定植时浇足水，在缓苗期原则上控制浇水，不追肥。缓苗后可加大水肥用量，3~5 天浇水 1 次，以土壤湿润 30~40 厘米为宜，每 2 次灌水可随水滴灌 3 千克复合肥稀释营养液。在初花期、盛果期可喷施 0.3% 硼砂和 0.2% 硫酸锌溶液，提高坐果率；此期间须控制土壤见干见湿，每周追施 5~8 千克复合肥和 3 千克硫酸钾稀释液，如果水肥供应不足容易导致番茄植株早衰，影响后期产量，若水分过多易导致徒长。此外叶面喷施 0.2%~0.5% 硝酸铵钙溶液可提高抗逆性，降低番茄脐腐病发生的风险。

2. 温湿度管理

缓苗期 1 周内须保持棚温白天在 28~30℃，夜间 20~22℃，若白天温度过高可虚掩通风口适当通风降温。缓苗后棚内温度白天处于 25~33℃，夜间温度控制在 16~20℃。棚内湿度宜控制在 80% 左右。

3. 整枝

番茄可采用单干整枝和双杆整枝两种方式，双杆整枝番茄应适当稀植，每亩定植 1 400 株左右，并且需要适当加大肥水用量。具体整枝方法如下：

（1）单干式：只留主干，其余侧枝全部摘除（一般用于无限生长型）。也有改良式单干整枝，即采用单干整枝，主蔓留 6~7 序花之后摘心，主蔓采收 3~4 层果以后在基部选留一生长较壮的侧芽留 2~3 序花摘心，再从中部选一健壮侧芽吊起继续作为主蔓生长。

（2）双干式：除主枝外，在留第一花序下叶腋所生的第一条侧枝，把其他侧枝全部抹掉。待主蔓停心后可从中部选择健壮侧枝作为主蔓继续生长，如此操作 2~3 次可显著延长采收期。

4. 其他管理措施

在秧苗 25~30 厘米高后，采用尼龙绳或布条从基部缠绕植株，固定于上方铁丝；待植株 60 厘米高时在两行植株外侧插竹竿，拉尼龙绳围护。及时疏花疏果，每穗果留 3~4 个果实。及时摘除病叶、病果，抹掉多余侧枝，保持植株下部通风透光。

（五）病虫害防治

（1）农业防治、物理防治（见"第三章第三节"）。

（2）化学防治（见"附录1"）。

（六）采收

设施番茄采收期随着气候条件、管理水平和品种不同而异。一般从开花到果实成熟，早熟品种在40~50天，中熟品种在50~60天。采收后要运输1~2天的可在转色期采收，此时果实顶部变红，果实坚硬，耐储运，且品质佳；采后就近销售的可在果实2/3变红，果实未软化时及时采收。

## 三、樱桃番茄

樱桃番茄是茄科番茄属栽培番茄的一个变种。作为水果型番茄，樱桃番茄不仅果形优美，口感独特，且富含维生素和矿物质等营养元素，深受广大消费者的青睐，近年来在华南地区生产规模逐年扩大，种植经济效益良好，且逐渐从露地栽培转入保护地土壤栽培和水培，本书介绍采用水培方式栽培樱桃番茄的生产技术。

（一）品种选择

1. 千禧

早生，植株高性，生育性强。果实桃红色，椭圆形，单果重约20克，糖度高达9.6%，风味极佳，不易裂果，每穗结14~31个果，高产耐枯萎病，耐贮运，播种后75天开始采收，是目前市场流行之优良品种。

2. 金玲珑

早生，植株高性，生育强健，抗枯萎病、病毒病。果实橙色，椭圆形，单果重约20克，风味佳，果实硬，不易裂果，耐贮运。

3. 黑珍珠

果实棕褐色，正圆形，单果重平均18克，成熟后果肩部黑褐色，一般果穗成果 7~13 个果，口味浓郁，抗病性一般。

4. 凤珠

圣女果类型，植株高性，抗病性强，果实红色，长椭圆形，单果重约 16 克，糖度高达 9.6%，风味甜美，无酸味，结果力强，产量高。

（二）培育壮苗

1. 播种期

广东樱桃番茄播种时间在立秋之后，根据不同地方气候有所差异，设施水培可安排在 8—9 月为宜。

2. 播种

播种前，将种子晾晒 1~2 小时→然后将种子放入 50~55℃水中恒温 10 分钟，不断搅动→清水冲洗后播种于育苗专用定植棉上→然后置于盛有营养液的育苗盘或育苗槽内育苗。营养液配方（$NO_3^--N$=115~135 毫克、$NH_4^+-N$=20~30 毫克、P=45~53 毫克、K=260~330 毫克、Ca=95~115 毫克、Mg=45~50 毫克、S=60~65 毫克、Fe=3.7 毫克、Mn=0.5 毫克、B=0.5 毫克、Zn=0.05 毫克、Cu=0.02 毫克、Mo=0.01 毫克）。

3. 苗期管理

（1）营养液控制营养液浓度，以稀薄为宜，控制电导率（EC=0.6~0.8 毫西门子/厘米），在供定植棉吸足水分的情况下保持少许营养液即可。

（2）温度出苗前，白天保持温度 25~28℃，夜间温度 18~20℃；出苗后白天保持温度 22~25℃，夜间温度 15~18℃。注意控制夜温，避免幼苗徒长。

（3）光照充足时避免暴晒，阳光不足可及时通风、控制设施温度，避免徒长。

（4）由于光照或温度调控难，易造成幼苗徒长，可采用植物生长调节剂进行调节培育壮苗。主要方法为叶面喷施 50% 矮壮素（400 毫克 / 升）、40% 乙烯利（800 毫克 / 升）、多效唑（100~200 毫克 / 升）等外源调节剂有效防止幼苗徒长。

（三）移栽定植

1. 培养水槽整理

平整土地，保持营养液入口端比排出端稍高为宜，以利于营养液流动培养。栽培槽采用泡沫板搭建可移动的简易水槽，栽培槽长度可根据设施设计而定，一般在 30~40 米，在水槽内铺设黑色塑料膜，水槽上铺设预留种植穴的泡沫板覆盖。

2. 定植

将幼苗用定植棉固定移栽在种植穴内，双行种植，种植株行距为 45 厘米 ×80 厘米，每亩定植 1 600 株左右，待第一穗花开花时及时吊蔓牵引。

（四）田间管理

1. 水肥管理

在定植后设定自动定时间歇式供给营养液。在前期根系较少的情况下供给营养液以白天 30 分钟供给一次，每次 10 分钟、夜间 2 小时供给一次，每次 10 分钟；在后期根系布满栽培槽后根系自身形成的多空疏松根群结构具有很好的保水效果（图 14），采用 2 小时供给一次，每次 20 分钟，夜间不供给营养液。营养生长期营养液 EC=1~1.2 毫西门子 / 厘米、始花期 EC=1.5~1.8 毫西门子 / 厘米、始收期 EC=2~2.2 毫西门子 / 厘米、盛收期 EC=2.5~2.8 毫西门子 / 厘米、末收期 EC=1.8~2 毫西门子 / 厘米，pH 控制在 5.5~5.8。营养生长期营养叶配方应该以高氮为主，收获期应该以中氮高钾为主。

2. 温湿度管理

采用水培的樱桃番茄根系处于营养液中，温度变化较土壤栽培强烈，白天温度应保持在 28~35℃，夜间温度保持在 18~22℃；此外，营养液的温度对于根系的影响较为明显，营养液储液池应设置在地下有利于保持恒温，营养液温度应保持在25℃左右为宜。采用水培的樱桃番茄设施做好棚外排水，避免土壤潮湿，此外，夜间停止供给营养液，也可有效降低棚内湿度。

3. 植株调整

水培樱桃番茄一般采用无限生长型，采取单干式整枝，只留主干，其余侧枝全部摘除。注意要及时去除下部老叶和病叶。

（五）病虫害防治

（1）农业防治、物理防治（见"第三章第三节"）。

（2）化学防治（"见附录1"）。

（3）水培营养液及水培设施管理。由于营养液循环水培是在一个相对封闭的环境中进行的，营养液不断循环利用，一旦根系病害发生，易造成相互间传染危害整个种植系统。因此，在种植前要切实做好设施、种子、基质和营养液等的消毒工作，以预防为主，切断病原，在种植过程中，也要防止病原侵入营养液中而在植物间蔓延，做到进棚人员消毒，严禁无关人员进入室内，不用地表流过的水作为水源，必要的时候也可以在营养液中适当加入抗菌药物进行防治。

（六）采收

若以采摘农业的运作方式，可待整穗果实成熟后整串采收，而需要远距离销售则不宜过熟，以免运输受损，影响果实商品性，应在果实已经着色、果肉尚未软化时采收，这样才能达到应有的风味和品质。

## 四、辣椒

辣椒为茄科辣椒属一年生植物，原产于中南美洲热带地区，是深受消费者喜爱的大宗蔬菜。广东地区保护地辣椒栽培迅速发展，已成为南椒北运的重要生产基地。

（一）品种选择

广东辣椒种植品种类型包括黄皮尖椒、绿皮尖椒、甜椒、微辣型炮椒，根据不同区域选择适宜当地气候、产量高、抗性好、耐储运的品种。黄皮尖椒代表品种为茂椒四号，种植区域分布在粤西地区；绿皮尖椒代表品种为东方神剑、瑞克斯旺 79 号，主要分布在珠三角和粤东地区；微辣型炮椒品种较多，要求早熟、抗病，主要分布在粤北山区；甜椒代表品种为中椒五号；红辣椒代表品种为红丰 404，多分布在粤西地区。

（二）培育壮苗

1. 播种基质准备

取疏松肥沃、未栽种过茄科作物的菜地壤土，晒土粉碎过筛后取土 6 份，腐熟陈化有机肥 2 份，椰糠 2 份，混匀堆沤并覆盖薄膜高温处理 1 周。装填苗盘后浇水备用。

2. 种子消毒处理

播种前晒种→采用 10% 磷酸三钠浸种 15 分钟或 1% 高锰酸钾浸种 30 分钟钝化病毒→采用 1% 次氯酸钠浸种 5~10 分钟可杀死早疫病、炭疽病和枯萎病等多种病菌→用 55~60℃热水浸种 15 分钟，可杀死附着在种皮及种皮下的病菌和病毒→温水浸种 6~8 小时→清水冲净后在 28~30℃条件下催芽，4~5 天后露白即可播种。

3. 播种

播种期在 8 月中下旬，于晴天上午播种，每个苗盘孔播种 1 粒种子，覆土基质厚度 1 厘米左右，盖上地膜保持温度和湿度，保持白天温度 25~30℃，夜间温度 15~18℃，1 周后可出苗。

4. 苗期管理

待齐苗后去掉地膜，可再覆盖基质 0.5 厘米厚度，有利于保墒培育壮苗。出苗后注意控制温度，白天保持 25~28 ℃，夜间

14~18℃。根据长势可进行叶面追肥，喷施 0.2% 尿素和 0.3% 磷酸二氢钾混合营养液，也可浇稀薄人粪尿追肥。

5. 嫁接

通过嫁接育苗可有效降低辣椒连作障碍、青枯病、疫病、根结线虫等土传病害。砧木选择抗病耐病的辣椒野生种，如台湾的 PFR-K64、PER-S64、LS279 品系；甜椒类可用"土佐绿 B"嫁接；此外还可选择茄子嫁接用砧木，如红茄、超抗托巴姆、耐病 VF 等。当砧木苗具有 4~5 片真叶、茎粗达到 0.5 厘米左右，接穗长至 5~6 片真叶时进行嫁接。嫁接前将刀片、嫁接夹等放入 200 倍福尔马林溶液浸泡 2 小时消毒。嫁接一般在阴凉，气温 25~28℃，空气湿度 90% 左右的环境下为宜。嫁接前 1 天对场地和嫁接苗用 500 倍多菌灵药液或 600 倍百菌清药液进行消毒。采用靠接和插接等嫁接法。

（1）插接法：在砧木的第 1 片或第 2 片真叶上方横切，除去腋芽，在该处顶端无叶一侧用接穗粗细相当的竹签按 45°~60° 角度向下斜插，插孔长 0.8~1 厘米，以竹签先端不破表皮为宜，选用适当的接穗，削成楔形，切口长度与砧木插孔长度相同，插入孔内，用嫁接夹固定。

（2）靠接法：嫁接后接穗的根依然保留，与砧木的根一起栽在育苗钵中，嫁接后接穗成活率高。此法预先在育苗钵内栽 1 株砧木苗和 1 株辣椒苗，高度接近，距离在 1 厘米左右。先在砧木苗茎的第 2~3 片叶间横切，去掉新叶和生长点，然后从上部第 1 片真叶下，茎部无叶片一侧，由上向下呈 45° 角斜切 1 个长 1 厘米的口子，深达苗茎粗的 2/3 左右。在接穗无叶片的一侧、第 1 片真叶下紧靠子叶，由下向上 45° 角斜切一个与砧木深度和长度相同的口子，然后将接穗与砧木在开口处嫁接，用嫁接夹固定。

蔬菜设施栽培实用技术

#### 6. 嫁接苗管理

嫁接苗在接口愈合期间要注意对棚内温度保温、保湿和遮阴。保持棚内白天温度在25~26℃，夜间温度20~22℃，空气湿度保持在90%，土壤充分浇水，用遮阳网、草帘等遮阴。待接口基本愈合后，在上午或傍晚开始少量通风换气，以后逐渐增加通风时间和通风量。

### （三）移栽定植

#### 1. 整地施肥

选择未连作茄科植物的菜地种植，定植前深翻晒土，70℃以上高温闷棚1周，亩施优质有机肥2~3吨，复合肥40~50千克，结合整地耙匀起畦面，畦宽0.9~1米，在畦面铺设滴灌管道，覆盖黑膜（图15）。可采用高垄单行栽植和低畦双行栽植多种模式。

#### 2. 移栽

待苗高20厘米、苗龄40天左右，选择现蕾而未开花的壮苗移栽。

（1）高垄单行栽植：垄距为50~60厘米，株距30厘米，每亩栽植4 000株左右。

（2）低畦双行栽植：畦高15~20厘米，畦面宽度1米，行距40厘米，株距30厘米，每亩栽植4 400株左右。

定植后浇定根水，但不能大水漫灌，有利于提高保持地温和缓苗。

### （四）田间管理

#### 1. 肥水管理

前期尽量少浇水。从初花期至门椒开始，可适当滴灌，每次以湿润土层30~40厘米深度为宜。在移栽10天后，可追施高氮水溶性复合肥8~10千克；在门椒、对椒、四门斗椒坐果后，各追肥1次，每次追施平衡型水溶性复合肥8~10千克；进入采收期后，每

042

周追施高氮高钾型复合肥 5~8 千克。

2. 温度管理

定植后 1 周内保持棚内白天温度在 25~30℃，夜间温度 15~18℃；缓苗后辣椒进入正常田间生长阶段，白天温度控制在 23~32℃，夜间温度不低于 14℃；开花期若气温过低应扣棚保温，而在晴天设施密闭环境下可达到 35℃，易造成辣椒花器发育不全或柱头干枯，不能授粉而落花，应及时打开设施通风降温。

3. 其他措施

辣椒植株的调整主要包括支架、吊绳（图 16）、整枝、保花保果等。支架：对于株型较矮的品种不必采用支架支撑；而株高较高，生长量较大的品种由于易倾斜或倒伏，需要采用吊绳缠绕。整枝：门椒及以下的侧枝及时抹掉，结果期将植株下部老叶和病叶及时打掉。在高温、高湿季节，以利于透风为原则，及时剪去多余枝条或已结过果枝条，去除病叶病果。保花保果：在不适宜的条件下辣椒容易落花落果，除控制高温、高湿环境外，可用激素处理，如番茄灵 40~50 毫摩尔 / 升或萘乙酸 50 毫摩尔 / 升喷花。

（五）病虫害防治

（1）农业防治、物理防治（见"第三章第三节"）。

（2）化学防治（见"附录 1"）。

（六）采收

辣椒是连续多次采收的茄果类蔬菜，可根据品种而定采收青果或红果，一般在花凋谢 20~25 天即可采收青果。第 1、第 2 层果及时采收，以免坠秧，有利于上层多结果及果实膨大。宜在晴天上午带果柄采收，采收前 2 天停止浇水，采收后及时分拣预冷，降低果实呼吸作用，利于贮藏和运输。

# 第二节　设施瓜类蔬菜生产技术

## 一、黄瓜

黄瓜是深受消费者喜爱的大宗蔬菜之一，黄瓜属于喜温、喜弱光作物，非常适合设施栽培，设施黄瓜可提前采收，延长采收期，在增产增收方面具有显著效益。

（一）品种选择

选择适宜广东越冬和早春栽培的品种，要求前期耐低温、后期耐高温、抗病性强和商品性好的品种，如河童盛夏、航丰1号，莞绿1号、粤秀3号、03-8青瓜和03-2青瓜等。

（二）培育壮苗

1. 育苗基质准备

采用3年内没有种过瓜类蔬菜的园土或稻田土，晒干粉碎过筛后与优质腐熟有机肥混合，有机肥占30%。将配制好的营养土按照每立方米土加入100克多菌灵混匀配成药土，装填营养钵，浇水。

2. 种子处理

播种前1~3天进行晒种，晒种后将种子用55℃的温水进行浸种并不断搅拌10~15分钟使水温降至30~35℃，将种子反复搓洗再用清水洗净黏液，浸泡3~4小时后将种子用洁净的湿纱布包好，于28~32℃的条件下催芽1~2天，待种子70%露白时播种。

3. 播种

在9月中旬播种，每个营养钵播1粒种子，覆盖育苗基质，浇水并覆盖薄膜，保持水分和温度。

4. 苗床管理

播种后2~3天或有60%种子子叶出土后及时掀开薄膜。苗期保持育苗基质见干见湿，防止高温、高湿环境的出现导致秧苗徒长。温度白天应控制在25~30℃，夜间控制在15~18℃，最低温度不得低于12℃。秧苗若表现营养不足，可淋施0.3%复合肥营养液。在定植前1周进行低温炼苗，减少浇水。

（三）移栽定植

1. 整地施肥

选择未连作葫芦科作物的菜地，深翻晒土，施入多菌灵后高温闷棚1周，起畦前每亩施入2~3吨腐熟有机肥或农家肥，60~80千克过磷酸钙或钙镁磷肥，50千克复合肥，整理畦面，铺设滴灌管道并覆盖地膜。

2. 定植

当苗龄达到35~40天，在10月下旬定植。采用双行定植，每亩栽植2 500株左右。定植前在苗床喷施50%多菌灵500倍液。要选择在晴天的上午进行，定植前浇水湿润土壤，定植后滴灌浇定根水，然后采用外遮阴缓苗。缓苗期若夜间温度低于28℃则应扣棚保温。

（四）田间管理

1. 水肥管理

缓苗期内土壤原则上不浇水，若土壤发白则通过滴灌浇少许水，1周后则根据土壤水分情况，一般每周滴灌1~2次，并结合滴灌施用5~8千克复合肥水溶液，保持充足营养和水分拉蔓，每次以土壤湿润30~40厘米深度为宜。当进入坐果期后，若肥水供应不足则容易造成化瓜，坐瓜不稳，此期应加大肥水供应量，以高氮高钾型肥料为主，一般在上午10:00前或下午5:00后滴灌施肥为好。此外，若营养不足可采取根外施肥及时矫正缺素，在开花期、果实膨大期喷施0.3%尿素、0.2%磷酸二氢钾、0.3%硼砂和0.2%硫酸锌溶液，每周1次，连喷2~3次可有效补充养分。结瓜盛期每隔

7~10 天每亩用 80% 亚硫酸氢钠 15 克兑水 75 千克进行喷雾，可以明显提高黄瓜产量。

2. 温湿度管理

黄瓜喜湿，根系分布浅而弱，叶片大而薄，蒸腾量大，生长期要求有充足的土壤水分和空气湿度，如果水分不足，则破坏了黄瓜的水分平衡，降低产量和品质，但如果水分过重，则容易产生病害。缓苗后设施内白天温度应控制在 28~30℃，夜间温度 16~18℃，湿度控制在 85% 以下，保持叶片不结露、无滴水为宜。湿度过高、温度过低等原因都会造成化瓜、坐瓜不稳等现象发生。及时通风、降温、排湿，晴天上午可先闭棚待温度上升 35℃后，缓慢打开通风口或两侧薄膜裙子，进行通风、降温、排湿，重复操作 2~3 次，可大幅降低棚内湿度，气温降低至 25℃，则需闭棚保温。避免大水漫灌导致棚内湿度过高，提高病害发生风险。

3. 其他措施

当植株长到 7~8 片叶时，株高 25 厘米左右，开始吊绳，采用尼龙绳将苗基部缠绕吊蔓（图 17）。第 1 个瓜以下的侧蔓要及早除去，瓜前留 2 叶摘心。及时疏花、疏果，每个节位选留 1 个瓜。当主蔓长到 25 片叶或主蔓生长点簇生很多雌花，则生长点停止生长，须结合疏瓜进行摘心，促进侧芽发生，在下方选留健壮侧枝 1 条进行后续结瓜。根瓜要及时采摘以免坠秧。此外，对于病叶、病果和老叶须及时摘除（图 18），有利于通风采光，降低病害发生风险。

（五）病虫害防治

（1）农业防治、物理防治（见“第三章第三节”）。

（2）化学防治（见“附录 1”）。

（六）采收

黄瓜成熟后应及时进行采收，避免坠秧。采摘时要求瓜条碧绿，顶花带刺，及时采收不但可以降低植株负担，而且能够保证黄瓜品质。若采收过迟，等到刺瘤变平，花干枯采收，则影响上部瓜的生长和产量，尤其是在冬季低温弱光期和植株病虫害严重时更应早采，这样还能防止植株花打顶和化瓜。采收过程中，要注意剪断瓜柄，利于保鲜。

# 二、冬瓜

冬瓜原产热带季风气候地区，形成了喜温暖、耐炎热、忌冷凉的特性。随着保护地栽培技术的发展，目前在设施早春种植冬瓜，由于品质好、上市早，因而具有很好的种植效益。广东通过采用设施早春栽培冬瓜，已初具规模，市场前景广阔。

（一）品种选择

选择耐寒、耐弱光、抗病、丰产、商品性状好，适宜广东越冬的优良品种，如铁柱 168、黑皮冬瓜、香芋冬瓜、黑小胖冬瓜等。

（二）培育壮苗

1. 苗床准备

设施早熟栽培一般在 2 月上旬采用基质塑钵育苗。选用瓜类专用育苗基质，也可用 70% 暴晒粉碎过筛的菜园土加 30% 腐熟农家肥，塑钵直径为 7 厘米。基质装盘前洒水拌匀，使含水量达到自身重量的 60%，将基质装入塑钵中备用。

1. 种子处理

种子用 55℃热水浸泡 10~15 分钟，搅拌 10 分钟使水温下降至 30℃，然后放在 25~30℃温水中继续浸泡 4 小时，随后用冷凉自来水冲洗干净。将种子均匀摊在发芽箱盘架上，覆盖纱布保湿，在 28~30℃恒温条件下，催芽 24~36 小时，若有种子表面有黏液，需用清水冲洗，待 50%~60% 种子露白时，即可播种。

3. 播种

每钵播 1 粒种子，覆盖基质厚 1 厘米，喷洒 75% 百菌清可湿

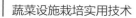

性粉剂 600 倍液。将塑钵整齐摆放在苗床内，表面平铺地膜，搭小拱棚盖膜。

4. 苗床管理

出苗前白天苗床温度保持 25~30℃，高温不得超过 35℃，夜间 18~20℃，最低不低于 15℃。移栽前 7 天开始逐步通风炼苗，控制土壤湿度，基质发白干旱时可适量浇水。

（三）移栽定植

1. 整地施肥

选择土层深厚，未种过瓜类蔬菜的沙壤土或黏壤土，移栽前，深翻晒土，每亩施腐熟有机肥 1.5~2 吨、复合肥 50 千克、钙镁磷肥 50 千克，精细整平。按畦宽 110~120 厘米，畦高 15~20 厘米，沟宽 50 厘米，整理畦面，覆膜并在膜下铺设滴灌带。

2. 移栽定植

幼苗长有 3 叶 1 心、苗龄在 30~40 天时，选择晴天上午定植，在 3 月下旬移栽，每畦栽 2 行，小冬瓜每亩栽 900~950 株，大冬瓜 350~450 株，栽植深度以子叶露出地面 3 厘米为宜，定植后浇透定根水，闭棚 1 周缓苗成活后可开两侧薄膜通风。

（四）田间管理

1. 肥水管理

冬瓜对土壤的水分状况要求严格，需水较多，但冬瓜不耐涝，湿度过大不利于冬瓜生长。在缓苗期不宜浇水，在缓苗后至冬瓜发育第 1 雌花开放前，可适当滴灌浇水催蔓，当第 1 个小冬瓜坐稳并迅速膨大时及时浇水，保持土壤湿润，在冬瓜膨大期是肥水需求旺盛时期，每亩每次随水滴灌复合肥 5~8 千克，每 7~10 天 1 次。待冬瓜接近成熟时，适当控水。

2. 温度管理

定植后缓苗前一般不放风，棚内保持较高温度，促进缓苗。缓苗后，白天温度保持 27~30℃，夜间温度 18℃。可通过开关棚门和调节两侧薄膜通风控温。待夜间气温稳定在 15℃以上则可掀开两侧薄膜。

3. 其他措施

（1）吊蔓绑蔓：瓜苗抽蔓达 20 厘米左右时吊蔓。用尼龙绳将秧苗基部向上使瓜蔓呈"S"形缠绕。吊蔓时，系到铁丝上的细绳多留出 1.5 米长，用于落蔓。大冬瓜则需要压蔓，选择晴天，在主蔓 3~4 个节位压上泥土，压 2~3 段使节间增加不定根，增加养分吸收能力。

（2）植株调整：一般只在主蔓第 5 节留第 2 朵雌花结第 1 个瓜，摘除第 1 个瓜以下所有侧枝，结合引蔓摘除卷须。当瓜蔓主茎第 1 次伸到或超过棚顶铁丝时落蔓，将降落到垄面的蔓摘除叶片，呈圆环式盘绕。大冬瓜一般在 28 节位附近选择留瓜，幼瓜选定后将其他雌花及时抹除，2~3 千克时用尼龙绳结网吊将瓜吊于棚架横梁上。留瓜后再生长 10 个节位可打顶。

（3）人工授粉：由于设施内高温、高湿且昆虫活动少，须进行人工授粉，在上午 7:00~8:00 采下盛开的雄花去除花冠将花粉抹在雌花花柱上，可有效提高坐果率。

（五）病虫害防治

（1）农业防治、物理防治（见"第三章第三节"）。

（2）化学防治（见"附录 1"）。

（六）采收

通过观察瓜的外表特征来判断采收时间，小冬瓜应在冬瓜表皮茸毛逐渐稀疏、皮色由青绿转为黄绿或深绿时采摘，大型冬瓜可适当延迟，待瓜皮上粉后摘瓜。为延长贮运时间，一定要带瓜柄采收。

# 三、南瓜

南瓜具有根系发达、抗逆性强、容易栽培管理、产量高等特点。生产上以春、夏季栽培为主，为实现反季节生产供应获取高效益，当前越来越多采用秋、冬季设施栽培方式发展南瓜生产。

## （一）品种选择

选择大小适中、外形美观、品质优良、经济价值高、抗逆抗病性好、风味独特而深受消费者欢迎且适宜广东气候栽培的南瓜品种，如日本金香南瓜、龙鑫丹、香芋南瓜、丹红3号等。

## （二）培育壮苗

### 1. 育苗基质准备

选用肥沃疏松的未种植过葫芦科作物的菜园土、腐熟牛粪、椰糠或蘑菇渣按照5:3:2比例混匀过筛，堆沤并用薄膜覆盖高温消毒后更佳。将处理好的基质装入直径10厘米的营养钵备用。

### 2. 种子处理

用50℃温水浸种10~15分钟，待温度下降后再浸种3~4小时，清水冲洗干净之后将种子用湿纱布包好置于28~30℃环境中催芽，待70%左右的种子露白，即可播种。

### 3. 播种

9月下旬播种，在播种前将育苗基质浇透水，每杯基质播种1粒种子，胚根朝下，覆盖1厘米厚度营养基质，再浇透水，覆膜保温，控制温度在28~30℃。

### 4. 苗床管理

待70%种子出芽后及时掀开薄膜，棚内白天温度为28~30℃，齐苗后控制夜间温度在13~15℃，晴天中午可适当通风。晴天要多见阳光，阴雨天要保温但需及时通风控制湿度。在苗期严格控制灌水，如营养钵基质表明发白则需浇水。若长势较弱可结合灌水淋施

0.3% 复合肥水溶液促苗。移栽前 1 周通风炼苗，停止灌水。

（三）移栽定植

1. 整地施肥

选择未连作葫芦科作物的菜地土壤，深翻晒土，闭棚高温消毒 1 周；之后每亩施入腐熟有机肥或农家肥 2~3 吨、复合肥 50 千克、钙镁磷肥 80 千克，精耕耙平后起畦面，畦面宽 1.5 米、高 15~20 厘米，在畦面中部铺设滴灌管道 2 条，覆盖黑色地膜。

2. 移栽

在 10 月下旬或 11 月上旬，待瓜苗龄 3~4 片真叶时便可带育苗基质一同移栽。移栽应在晴天上午进行，采用双行种植，行距 1 米，株距 80 厘米，定植后及时浇透定根水，保持棚内白天温度 28~30℃，夜间温度在 20~25℃；白天强光照天气可用遮阳网降温。

（四）田间管理

1. 水肥管理

移栽成活后南瓜幼苗进入正常生长时期，可滴灌 0.3% 复合肥水溶液促苗拉秧。南瓜喜欢有机营养，可在第 1 条瓜坐稳后每亩追施含腐殖酸类有机营养液肥 12~15 千克，每周追施 1 次，连续 2~3 次，可提高根系吸收能力，促进南瓜膨大和提高后期结瓜数量。进入采收期后需及时追施复合肥，防止植株早衰，增加后期产量。

2. 温湿度管理

广东冬、春季雨水较多，应做好保温降湿工作，控制棚内湿度在 80% 左右，湿度过大则应及时通风除湿。保持白天温度 25~30℃，夜间温度 15~20℃。

3. 其他措施

（1）植株调整：设施南瓜一般种植小型南瓜，可采用单蔓或双蔓整枝法，整枝时应掌握"早、勤、狠"的原则，及时选取健壮主蔓，抹掉其他侧枝；当蔓达到 2.5~3 米时及时打顶。

（2）人工授粉：南瓜是异花授粉植物，人工辅助授粉可明显提高坐果率，改善南瓜的品质和商品率。一般选择晴天上午 6:00~8:00 进行人工授粉，将开放的雄花摘下去掉花冠，将雄花花粉轻轻抹在雌花花柱上，一般 1 朵雄花授粉 3 朵雌花。

（五）病虫害防治

（1）农业防治、物理防治（见"第三章第三节"）。

（2）化学防治（见"附录1"）。

（六）采收

选择晴天露水干后采收。摘瓜时保留 2~3 厘米长果梗。越是充分成熟的瓜含干物质越多，越利于贮藏且品质风味好。一般在果实八九成熟时采收，当瓜面用手指甲不易刻动时采收。

# 第三节　其他蔬菜生产技术

## 一、生菜

生菜又名叶用莴苣，为菊科莴苣属。是我国保护地无土栽培特别是水培系统中主栽的蔬菜，与番茄、黄瓜和甜椒并称为无土栽培四大作物。生菜采用浮板水培是实现温室工厂化生产的一种实用方式，具有很好的发展前景。

（一）品种选择

由于水培生菜处于设施或温室中，气温大多在 25℃以上，所以栽培中不易结球，而由于高温常常造成缺钙而发生心腐病。所以保护地水培生菜应选择散叶、早熟耐热、晚抽薹的品种。如从日本引进的北山 3 号、民谣、大湖 366，以及意大利耐抽薹生菜、奶油生菜、玻璃翠等品种。

（二）培育壮苗

1. 播前准备

水培生菜的育苗与土壤栽培方式完全不同。选用疏松的 3 厘米厚度的海绵，切割成 3 厘米见方的小块，切割时相互之间不要切断，留住连接点便于码平。将海绵用清水浸泡洗净后置于不漏水的育苗盘中备用。种子清水浸泡过夜或低温处理（清水浸泡 30 分钟后滤干水分置于 4℃冰箱冷藏 2 天），经过低温处理的种子易于培育壮苗，抑制抽薹。

2. 播种

将浸泡后的种子接置于海绵块表面，每块 2~3 粒种子，然后育苗盘中加水至海绵充分吸收后留有一层 0.5 厘米左右高度的水位即可。生菜属需光性种子，发芽时需要光照，黑暗下发芽受抑制，这是生菜种子发芽的一大特征，切忌播种过深。在 20℃左右条件下播后 3 天可发芽（图 19）。

3. 苗期管理

（1）育苗营养液管理：将经浸种催芽后的生菜种子播种于聚氨酯海绵育苗块上，子叶展平时分苗于泡沫板，用 1/4 山崎生菜配方进行育苗，其中营养液中大量元素浓度 N 45.5 毫克／升、P 7.75 毫克／升、K 78 毫克／升、Ca 20 毫克／升、Mg 6 毫克／升、S 8 毫克／升。微量元素配方：1 吨水配 EDTA– 铁 16.00 克、硼酸 3 克、硫酸锰 2 克、硫酸锌 0.2 克、硫酸铜 0.08 克、钼酸铵 0.02 克。

（2）育苗温度管理：种子发芽适宜温度 18~20℃，实际上在 15~25℃范围内发芽率都比较高。此外，生菜在不同生长阶段对温度的要求不同，在播种到齐苗阶段，白天保持 20~25℃，促进出苗；出苗后白天保持在 20℃，夜间 8~10℃，此阶段应根据幼苗长势灵活掌握昼夜温度，夜间温度过高幼苗易徒长，白天温度低生长慢，苗发锈，无光泽。待 1~2 片真叶时开始分苗，每块海绵留

1 株苗。分苗后应适当提高温度促进缓苗，白天保持 20~25℃，夜间 10℃左右，缓苗后逐渐降低温度炼苗。

（三）移栽定植

生菜 3~4 片真叶时移栽定植，定植密度以 25 株 / 米² 为宜，移栽时注意保护根系，避免受到伤害，必要时可用定植棉环抱根系定植，以固定菜苗。

（四）营养液管理

1. 培养水槽整理

首先准备好栽培板。栽培板一般有 3 厘米厚度的聚苯板制成，在聚苯板上按生菜栽植密度打孔，孔径略小于 3 厘米。定植前在栽培槽内加满营养液，并开启水泵试循环，检查培养液槽、栽培床是否漏水及调节营养液流量大小等。

2. 不同生长阶段营养液浓度管理

（1）分苗期，由于植株仍然较为幼小，营养液浓度应控制在标准浓度的 1/3~1/4，过高浓度容易造成幼苗根系受损，过稀则会营养不足导致生长缓慢，应视具体长势情况而做适当调整。

（2）定植期 1 周内，由于定植过程对根系的干扰，幼苗有一个缓苗期，所用营养液浓度为标准营养液浓度的 1/2 即可，有利于缓苗，定植 1 周后幼苗恢复生长，对养分的需求旺盛，此时可将营养液调整至标准营养液浓度，并在 2~3 小时循环 1 次，每次半小时以上，以提高营养液溶氧量。

3. 营养液的 pH 管理

生菜适宜的 pH 6.0~6.9，超过这个适宜范围，生菜的硝酸盐、亚硝酸盐含量升高，其余农艺性状指标降低。营养液可用 pH 试纸或便携式 pH 测定仪进行检测酸碱度。一般采用磷酸对营养液进行调节，既能够调节酸度，又能够提供养分。在生菜的生长阶段可 1 周左右监测一次营养液 pH，及时调整酸碱度，以利于生菜生长。

4. 营养液供应量

营养液供应量主要包括供应次数、每次供应时间及营养液深度三个方面。确定供应量的原则是：保证根系获得足够的养分、水分、氧气的前提下降低用肥量，节约资源和能源。采用循环供应系统进行间歇式供液，每小时供应 15 分钟、停止 45 分钟，营养液以浸没根系 1/2 高度为宜。

5. 营养液更换

一般营养液的更换时间根据生菜长势而定，当营养液使用过久，营养液中根系分泌物累积过多抑制根系生长。此外，无效盐分累积过高，造成电导率较高但有效营养成分仍然不够植物生长所需，则需要及时更换营养液。一般营养液电导率控制在冬季 1.6~1.8 毫西门子 / 厘米，夏季 1.4~1.6 毫西门子 / 厘米。生菜苗期和生育初期，EC 值采用 1/4~1/2 剂量，生育中期 EC 值为 1 个剂量，每周监测 1 次营养液的浓度，如果发现其浓度下降到初始 EC 值的 1/3~1/2 时立即补充养分，补回到原来的浓度。一般来说用软水配制的营养液 3 个月需要更换 1 次，如果采用硬水配制的营养液则需要每月更换 1 次，具体可视生长情况而定。

（五）病虫害防治

水培生菜应高度重视营养液的洁净，一旦因营养液污染而感病将会随着营养液循环系统迅速蔓延，因此、定植和收获时操作人员必须用 84 消毒液喷手后再操作，一旦营养液污染，立即更换并消毒培养槽。每茬作物栽培完后，全部循环管道内部必须用 100 毫克 / 千克的次氯酸钙溶液或含有 0.3%~0.5% 有效氯的次氯酸钠溶液循环流过 20~30 分钟，以彻底消毒。

保护地水培生菜的病害相对较少。夏季有时会发生白粉虱、红蜘蛛、蚜虫等虫害，可用高效低毒生物农药阿维菌素制剂进行防治，每隔 7 天左右防治 1 次，连续防治 2~3 次。温室水培生菜因高温会出现缺钙发生缘腐病和心叶出现烧焦状，应立即调整营养液，或喷施 0.4% 氯化钙或 1% 硝酸钙等叶面钙肥。

（六）采收

达到商品采收大小时，应及时收获。营养液在收获前 1 周不必补充养分只需加清水，这样不会降低产量，并可显著降低生菜的硝酸盐含量。采收时连带根系一起（图 22），有利于生菜的保鲜，提高商品价值。

## 二、草莓

草莓浆果鲜红艳丽，芳香多汁，甜酸可口，营养丰富，被誉为"水果皇后"。草莓喜温凉气候，喜光但又有较强的耐阴性。设施草莓栽培容易，管理方便，生产成本低，产量高，收益好，适合发展效益农业。

（一）品种选择

设施草莓品种除了要求生长势强、果型大、肉质细、香气浓、品质好、产量高外，还要选择早熟、休眠期短、花芽分化早、采收期长、抗病性强、低温下着色好的品种，如丰香、明宝、金樱 1 号、千禧、莓宝 1 号、章姬等。

（二）培育壮苗

1. 育苗园准备

草莓根系浅，对土壤、水肥要求较高。育苗圃应选择土地平整、凉爽、背风、排灌方便、土壤肥沃疏松的砂质壤土，不能选择草莓连作田块。在母株栽种前 15 天全田深翻，暴晒 3~5 天，亩施农家肥 4~5 吨、过磷酸钙 50 千克、饼肥 100~150 千克，结合整地混匀后按宽 1 米、高 0.3 米作畦整平。按亩施复合肥 30 千克施于 2 行草莓的畦中央，避免定植时草莓根系与基肥直接接触。

2. 定植方法

由专用母本圃或脱毒苗、短缩茎粗 1.5 厘米以上、有 4~6 片展开叶、根系发达的健壮无病虫害植株作母株，按 0.6~0.85 米株距种植在畦两侧，选择阴天下午定植，以"深不埋心，浅不露根"为准，然后浇定根水。

3. 苗期管理

及时除草、中耕松土和摘除老叶和病叶，摘除果枝花枝；及时人工引蔓，对新生苗进行压土促根；保持土壤水分见干见湿，忌大水漫灌；高温季节干旱应傍晚小水勤灌；匍匐茎抽生季节追肥 2~3 次，以高氮复合肥或尿素 5~8 千克，施肥后小水浇地。

4. 促进花芽分化

主要注意调控温度、光照、营养和植物生长激素。控制光照可采取遮阳网遮盖，也可以起到降温效应，促进草莓花芽分化充分。停止氮肥等肥料供应，避免植株徒长，致使花芽分化不充分，必要时可采取断根阻止根系对氮素的吸收。控制赤霉素，在前期促苗阶段喷施赤霉素可促进生长，但后期施用赤霉素则抑制花芽的形成，因此，在育苗前期喷赤霉素，后期停止使用。

此外，也可从专门的草莓苗供应商购买无毒苗，但需提供相应的草莓苗检测证明，保证草莓苗的质量。

（三）移栽定植

1. 大田草莓移栽定植

（1）草莓园地准备：草莓园应选光照充足，地势稍高、地面平坦、灌排方便、土壤肥沃疏松、前茬作物为非豆科作物为宜，园地应先行除杂草、灭地下害虫。翻耕暴晒 1 周后，亩基施优质腐熟农家粪肥 5 000 千克、过磷酸钙 100 千克、硫酸钾 50 千克。结合深翻园地，精细整地，做成高 20 厘米、宽 50 厘米的畦面，畦沟宽30 厘米。

（2）移栽定植：棚栽草莓苗一般在 10 月中下旬进行，选择新叶正常开展，小叶对称，叶色浓绿叶柄粗，叶片大，长势健壮的幼苗进行定植。选择阴天或晴天傍晚定植，最好是在雨前定植。定植前将秧苗用每升水含 10~20 毫克 α-萘乙酸、嘧菌酯 0.4 毫升的药液蘸根，防止病害发生，促进根系生长。定植后将畦面浇透，沟内留少许水。株行距 16 厘米 ×22 厘米，三角形栽植，定植时"弓"背统一朝外，做到不露根也不埋心，并遮阴缓苗。

2. 基质栽培草莓定植

（1）基质准备：草莓栽培基质多采用椰糠、草炭等基质，将基质机械打碎，清水浸泡充分泡发后填充基质槽，若为重复利用的基质，应每立方基质添加 500 克次氯酸钙，覆膜在阳光下消毒 1 周。基质槽高 12 厘米、宽 16 厘米，基质填充好后及时插入滴箭，滴箭间距为 25 厘米为宜，滴箭长度 15 厘米，要求将滴箭以倾斜插入基质内（效果见图 23）。基质和滴箭布置好后开始清水冲洗基质，然后用营养液冲洗基质备用。

（2）移栽定植：每行基质架分别从两侧同时定植，两排植株呈"之"字形栽植，为植株提供充足的生长空间（图 24）。植株距离基质架边缘距离为 3~4 厘米，距离太小会导致花序主干易折断，距离太远会减小植株间生长空间。同时，保证种植穴底部仍有基质，为根系提供生长空间。定植时注意不要卷根，定植后压实基质。对植株定制深度要求"深不埋心，浅不漏根"，弓背朝外，利于采光。新定植的植株要基质浇透低 EC 值的营养液，保持基质湿润，营养稀薄缓苗，同时，可采用顶喷雾的方式促进叶面吸水和降温，促进缓苗。

（四）田间管理

1. 土壤栽培管理

（1）水肥管理：定植后 3 天内，畦沟里保持 1/3~1/2 沟的水，每天早晚各浇水1次。定植后4~7天，每天傍晚浇水1次，以后经常浇水保持畦面土壤不发白。定植后7~10天，结合浇水勤施薄施水肥。草莓在生长旺盛期和浆果膨大期需水较多，灌水可结合施肥进行，每次结合灌溉亩追施复合肥6~8千克，进入采收期每采收一批果可追施复合肥2~3千克，每两次施肥间隔追施硫酸钾3千克，有利于提高草莓品质和风味。另外，在开花前、幼果期、果实膨大期喷施0.3%~0.5%尿素加0.3%磷酸二氢钾液，补充果实生长所需养分，提高灌浆质量。

（2）光照、温度和湿度控制：花芽形成期，花芽分化要求短日照和低温，日照在12.5小时以下，可采用遮阳网进行遮阴，气温在5~24℃花芽都能分化，初花期昼温度保持25℃，成花期掌握在23℃，夜间温度在5℃以上。果实发育期对光照无严格要求，昼温15~20℃，夜温8~10℃。若出现高温、高湿天气，特别是清晨至上午或阴雨天气，相对湿度95%~100%，有碍开花授粉和滋生病害，应及时通风降低温度和湿度。春季气温明显回升可拆除设施两边的围膜，加大通风量。此外，采用膜下滴灌技术可明显降低棚内湿度，降低病害发生频率。

2. 无土栽培管理

（1）营养液配方调节：草莓生产过程中主要分为定植缓苗期（定植后7~15天）、营养生长期、花果期三个阶段。在定植缓苗期主要以清水和低EC值（1/4~1/3浓度营养液）为主；在营养生长期以高氮中磷配方营养液为主，在基准配方中增加磷酸二氢铵（100~150克）的用量；在花果期则应降低氮营养比例，增加磷钾比例以促进果实膨大，提高果实品质，可在基准配方中增加磷酸二氢钾（300~400克）。草莓营养液基准配方见附录5。

（2）营养液EC和pH调节：草莓的最适EC值为1.2~1.8毫西门子/厘米，根据植株长势和天气适当调节。晴天宜调低EC值，

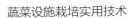
调稀营养液浓度；阴天需要肥多，调高 EC 值，适当增加营养液浓度，促进养分吸收。

草莓的最适 pH 为 5.5~5.8，可用试纸或便携式 pH 测定仪进行检测，如 pH 过高，则可采用磷酸进行调节；若 pH 过低，则可采用氢氧化钾进行调节，磷酸和氢氧化钾既能够调节酸度，又能够提供养分。

（3）光照、温度、湿度控制：光照和温度控制同土壤栽培管理措施相同，而在控制湿度方面通过滴箭供给营养液可有效降低棚内湿度，有条件的可在基质槽上方铺盖薄膜，降低空气湿度；此外，夜间停止顶喷雾和滴灌营养液操作，也可有效降低湿度，减少病害发生。

（五）病虫害防治

（1）农业防治、物理防治（见"第三章第三节"）。

（2）化学防治（见"附录 1"）。

（六）采收

成熟的草莓浆果自然保鲜期 1~3 天，极易腐烂变质。因此采收必须及时，采收过早品质差、产量低，过晚则不耐储运。严格掌握采收成熟度，鲜食果果面有 70% 以上着色时，即可采收；每天采收 1 遍，严防漏采。采收草莓果实的适宜时间是上午 10：00 前和傍晚。草莓果实的果皮极薄，采收时必须轻拿、轻摘、轻放，连同果柄一同采下，用指甲掐断果柄即可。采收容器应用纸箱或塑料箱、竹编箱等，箱内要垫放柔软物。

# 附　录

# 附录1 主要蔬菜病虫害防治用药种类及方法

| 防治对象 | 农药名称 | 使用方法 | 安全间隔期/天 |
|---|---|---|---|
| 蚜虫 | 2.5% 高效氯氟氰菊酯乳油 | 2 000~3 000 倍液喷雾 | 3 |
| | 10% 吡虫啉可湿性粉剂 | 2 000~3 000 倍液喷雾 | 7 |
| | 5% 来福灵乳油 | 3 000~4 000 倍液喷雾 | 3 |
| | 50% 辛硫磷乳油 | 2 000 倍液喷雾 | 6 |
| 白粉虱、烟粉虱 | 2.5% 联苯菊酯乳油 | 3 000 倍液喷雾 | 4 |
| | 10% 吡虫啉可湿性粉剂 | 2 000~3 000 倍液喷雾 | 7 |
| 潜叶蝇 | 1% 甲维盐乳油 | 2 000~3 000 倍液喷雾 | 7 |
| | 70% 灭蝇胺 | 1 000 倍液喷雾 | 7 |
| 根结线虫 | 1% 威克达 | 3 000 倍液灌根 | 7 |
| | 98% 棉隆颗粒剂 | 土壤处理 | 7 |
| 烟青虫、棉铃虫 | 1% 安打悬浮液 | 3 500~4 000 倍液喷雾 | 2 |
| | 5% 定虫隆（抑太保）乳油 | 1 500~2 500 倍液喷雾 | 7 |
| | 5% 氟虫脲（卡死克）乳油 | 1 000~2 000 倍液喷雾 | 7 |
| | 2.5% 溴氰菊酯乳油 | 1 000~1 500 倍液喷雾 | 2 |
| | 0.36% 苦参碱植物杀虫剂 | 800~1 200 倍液喷雾 | 7 |
| | 50% 辛硫磷乳油 | 1 000 倍液喷雾 | 6 |
| 豆荚暝 | 5% 定虫隆（抑太保）乳油 | 1 000~2 000 倍液喷雾 | 7 |
| | 48% 毒死蜱（乐斯本）乳油 | 1 000~1 500 倍液喷雾 | 7 |
| | 5% 顺式氰戊菊酯乳油 | 2 000~3 000 倍液喷雾 | 3 |
| | 20% 氰戊菊酯乳油 | 2 000~4 000 倍液喷雾 | 5 |
| 茶黄螨 | 1% 甲氨基阿维菌素苯甲酸盐乳油 | 3 000 倍液喷雾 | 7 |
| | 20% 哒螨灵可湿性粉剂 | 1 000~1 500 倍液喷雾 | 7 |

续表

| 防治对象 | 农药名称 | 使用方法 | 安全间隔期/天 |
|---|---|---|---|
| 霜霉病 | 5% 克露粉尘 | 单次 1 千克/亩 | |
| | 45% 百菌清烟雾剂 | 110~180 克/亩 | |
| | 72.2% 普力克水剂 | 800 倍液喷雾 | |
| | 69% 安克·锰锌可湿性粉剂 | 800 倍液喷雾 | |
| | 52.5% 抑快净水分散粒剂 | 500~1 000 倍液喷雾 | |
| | 50% 烯酰吗啉 | 800~1 200 倍液喷雾 | |
| 细菌性角斑病 | 3% 克菌康可湿性粉剂 | 500~800 倍液喷雾 | |
| | 50% 琥胶肥酸铜可湿性粉剂 | 400~500 倍液喷雾 | |
| | 77% 氢氧化铜可湿性粉剂 | 500 倍液喷雾 | 3 |
| | 72% 农用硫酸链霉素粉剂 | 4 000 倍液喷雾 | 3 |
| | 60% 琥·乙膦铝粉剂 | 500 倍液喷雾 | 3 |
| | 20% 噻菌铜悬乳剂 | 500 倍液喷雾 | |
| | 新植霉素 | 4 000 倍液喷雾 | |
| 黑星病 | 50% 多菌灵可湿性粉剂 | 500 倍液喷雾 | 5 |
| | 40% 氟硅唑乳油 | 8 000~9 000 倍液喷雾 | |
| | 2% 武夷菌素（B0~10） | 200 倍液喷雾 | 2 |
| | 70% 甲基硫灵粉剂 | 800 倍液喷雾 | 10 |
| 枯萎病、黄萎病 | 70% 甲基硫灵粉 | 800~1 000 倍液灌根 | |
| | 50% 多菌灵可湿性粉剂 | 500 倍液灌根 | 5 |
| | 10% 双效灵水剂 | 300 倍液灌根，2~3 次 | 10 |
| 疫病 | 72.2% 普力克水剂 | 800 倍液喷雾 | |
| | 64% 杀毒矾可湿性粉剂 | 400~500 倍液喷雾 | |
| | 72% 克抗灵可湿性粉剂 | 800 倍液喷雾 | 7 |
| | 72% 克露可湿性粉剂 | 800 倍液喷雾 | |

续表

| 防治对象 | 农药名称 | 使用方法 | 安全间隔期/天 |
|---|---|---|---|
| 灰霉病 | 6.5% 乙霉威粉尘剂 | 喷粉尘 1 千克 / 亩 | |
| | 50% 腐霉利可湿性粉剂 | 1 500 倍液喷雾 | |
| | 65% 硫菌霉威可湿性粉剂 | 800~1 000 倍液喷雾 | 1 |
| | 50% 乙烯菌核利粉剂 | 1 000 倍液喷雾 | 2 |
| | 2% 武夷菌素水剂 | 100 倍液喷雾 | 4 |
| | 40% 嘧霉胺悬浮剂 | 1 500~2 000 倍液喷雾 | 2 |
| 白粉病 | 15% 粉锈宁可湿性粉剂 | 1 500 倍液喷雾 | |
| | 27% 高脂膜乳剂 | 75~100 倍液喷雾 | 3 |
| | 小苏打 3 天 1 次，4~5 次 | 500 倍液喷雾 | 7 |
| | 10% 苯醚甲环唑 | 1 000 倍液喷雾 | 3 |
| 炭疽病 | 80% 炭疽福美粉剂 | 600~800 倍液喷雾 | |
| | 68.75% 易保水分散粒剂 | 1 000~1200 倍液喷雾 | |
| | 58% 甲霜灵锰锌粉剂 | 500~600 倍液喷雾 | |
| | 2% 武夷菌素（B0~10）水剂 | 200 倍液喷雾 | |
| 叶霉病 | 2% 武夷菌素水剂 | 100 倍液喷雾 | 2 |
| | 47% 春雷霉素 + 王铜加瑞农可湿性粉剂 | 600~800 倍液喷雾 | 1 |
| | 40% 氟硅唑（福星）乳油 | 8000~10 000 倍液喷雾 | 7 |
| | 65% 多果定可湿性粉剂 | 800~1 000 倍液喷雾 | 7 |
| | 12% 绿乳铜乳油 | 800~1 000 倍液喷雾 | 7 |
| | 波尔多液 | 200 倍液喷雾 | 7 |
| 晚疫病 | 45% 百菌清烟剂 | 150~200 克 / 亩 | 7 |
| | 72% 霜脲氰 + 代森锰锌 | 500~600 倍液喷雾 | 7 |
| | 69% 安克·锰锌可湿性粉剂 | 600~800 倍液喷雾 | 3 |
| | 64% 恶霜灵 + 代森锰锌 | 500 倍液喷雾 | 3 |
| | 60% 琥·乙膦铝粉剂 | 500 倍液喷雾 | 3 |
| | 58% 钾霉灵·锰锌可湿性粉剂 | 200 倍液喷雾 | 3 |

续表

| 防治对象 | 农药名称 | 使用方法 | 安全间隔期/天 |
|---|---|---|---|
| 病毒病 | 83 增抗剂 | 1 000 倍液喷苗 | 3 |
| | 2% 宁南霉素水剂 | 200 倍液喷雾 | 8 |
| | 20% 盐酸吗啉呱酮 | 500 倍液喷雾 | 3 |
| 青枯病 | 初期 3% 克菌康粉剂 | 500 倍液喷雾 | 3 |
| | 50% 琥胶肥酸铜可湿性粉剂 | 500 倍液喷雾 | 3 |
| | 77% 氢氧化铜（可杀得） | 400 倍液喷雾 | 3 |
| | 72% 农用硫酸链霉素可湿性粉剂 | 4 000 倍液灌根 | 3 |
| 绵疫病 | 72% 霜脲氰＋代森锰锌 | 500~600 倍液喷雾 | 7 |
| | 69% 安克·锰锌可湿性粉剂 | 800~1 000 倍液喷雾 | 3 |
| | 64% 恶霜灵＋代森锰锌粉剂 | 500 倍液喷雾 | 3 |
| | 60% 琥·乙膦铝粉剂 | 500 倍液喷雾 | 3 |
| | 58% 钾霉灵·锰锌粉剂 | 500 倍液喷雾 | 1 |
| 疮痂病 | 72% 农用硫酸链霉素粉剂 | 4 000 倍液喷雾 | 3 |
| | 新植霉素可溶性粉剂 | 4 000 倍液喷雾 | 3 |
| | 14% 络氨铜水剂 | 250 倍液喷雾 | 21 |
| | 50% 琥胶肥酸铜可湿性粉剂 | 500 倍液喷雾 | 3 |
| 细菌性软腐病 | 3% 中生菌素粉剂 | 病初 500 倍液灌根 | 3 |
| | 50% 琥胶肥酸铜可湿性粉剂 | 500 倍液灌根 | 3 |
| | 77% 氢氧化铜粉剂 | 400 倍液灌根 | 3 |
| | 72% 农用硫酸链霉素粉剂 | 4 000 倍液灌根 | 3 |
| 脐腐病 | 尿素＋氯化钙 | 200 倍液喷雾 | 3 |
| 锈病 | 50% 硫悬浮剂 | 200~300 倍液喷雾 | 7 |
| | 25% 粉锈宁可湿性粉剂 | 2 000 倍液喷雾 | 7 |
| | 40% 氟硅唑乳油 | 8 000 倍液喷雾 | 7 |

# 附录2　土壤养分含量分级

| 级别 | 有机质/% | 全氮/% | 全磷（P）/% | 全钾（K）/% | 碱解氮/（毫克·千克$^{-1}$） | 速效磷/（毫克·千克$^{-1}$） | 速效钾/（毫克·千克$^{-1}$） |
|---|---|---|---|---|---|---|---|
| 1 | >4 | >0.2 | >0.2 | >3 | >150 | >40 | >200 |
| 2 | 3~4 | 0.15~0.2 | 0.15~0.2 | 2.0~3.0 | 120~150 | 20~39 | 150~199 |
| 3 | 2~3 | 0.1~0.15 | 0.1~0.15 | 1.5~2.0 | 90~119 | 10~19 | 100~149 |
| 4 | 1~2 | 0.075~0.1 | 0.07~0.1 | 1.0~1.5 | 60~89 | 5~9 | 50~99 |
| 5 | 0.6~1 | 0.05~0.075 | 0.04~0.07 | 0.5~1.0 | 30~59 | 3~4 | 30~49 |
| 6 | <0.6 | <0.05 | <0.04 | <0.5 | <30 | <3 | <30 |

# 附录3　土壤 pH 分级

| 分级 | 1 | 2 | 3 | 4 | 5 | 6 | 7 |
|---|---|---|---|---|---|---|---|
| pH | <4.5 | 4.5~5.5 | 5.5~6.5 | 6.5~7.5 | 7.5~8.5 | 8.5~9.0 | >9.0 |

# 附录4　土壤有效微量元素含量分级

（毫克·千克$^{-1}$）

| 分级项目 | 一 | 二 | 三 | 四 | 五 |
|---|---|---|---|---|---|
| 硼 | <0.2 | 0.20~0.5 | 0.50~1.0 | 1.0~2.0 | >2.0 |
| 钼 | <0.1 | 0.10~0.15 | 0.15~0.2 | 0.20~0.3 | >0.3 |
| 锰 | <1.0 | 1.0~5.0 | 5.0~15.0 | 15~30 | >30 |
| 锌 | <0.3 | 0.30~0.5 | 0.5~1.0 | 1.0~3.0 | >3.0 |
| 铜 | <0.1 | 0.1~0.2 | 0.2~1.0 | 1.0~1.8 | >1.8 |
| 铁 | <2.5 | 2.5~4.5 | 4.5~10.0 | 10~20 | >20 |

注：表中铁、锰、铜、锌分析方法均为 DTPA 溶液提取。

# 附录5  水培蔬菜营养液配方

## 一、生菜配方

（1）每吨水中加入四水硝酸钙236克，硝酸钾404克，磷酸二氢铵57克，七水硫酸镁123克，七水硫酸亚铁13.9克，乙二胺四乙酸二钠18.6克，硼酸2.86克，四水硫酸锰2.13克，七水硫酸锌0.22克，五水硫酸铜0.06克和钼酸铵0.02克。

（2）每吨水中加入四水硝酸钙910克，硝酸钾238克，磷酸二氢钾185克，七水硫酸镁500克，EDTA-铁16克，硼酸3克，硫酸锰2克，硫酸锌0.2克，硫酸铜0.08克，钼酸铵0.02克。

（3）每吨水中加入四水硝酸钙945克，硝酸钾607克，七水硫酸镁493克，磷酸二氢铵115克，硼酸2.86克，四水硫酸锰2.13克，七水硫酸锌0.22克，五水硫酸铜0.08克，四水钼酸铵0.02克，EDTA-铁40克。

（4）每吨水中加入硝酸钙589.2克，硝酸钾886.9克，硝酸铵57.1克，硫酸镁182.5克，硫酸钾53.5克，磷酸223毫升，硼酸3克，硫酸锰2克，七水硫酸锌0.22克，五水硫酸铜0.08克，四水钼酸铵0.02克，EDTA-铁16克。

## 二、草莓营养液基准配方

每吨水中含四水硝酸钙944克，硝酸钾424克，磷酸二氢铵139克，七水硫酸镁369克，七水硫酸亚铁13.9克，乙二胺四乙酸二钠18.6克，硼酸2.86克，四水硫酸锰3.3克，七水硫酸锌2.0克，五水硫酸铜0.19克和钼酸铵0.09克。

# 参 考 文 献

常婷婷，张洁，潘菲，等，2011. 不同浓度多效唑对番茄穴盘育苗质量的影响［J］. 江苏农业科学，39（3）：189-191.

陈青云，李成华，2001. 农业设施学［M］. 北京：中国农业大学出版社.

陈永顺，李敏侠，姜建平，2009. 设施蔬菜二氧化碳气肥施用技术［J］. 西北园艺：蔬菜专刊（1）：43.

楚晓真，卢钦灿，董鹏昊，等，2007. 生菜水培技术研究［J］. 现代农业科技，（23）：15-16.

董正权，许会会，王辉，2013. 多效唑对夏秋季番茄穴盘苗质量的影响［J］. 长江蔬菜（4）：37-39.

盖捍疆，2012. 朝阳设施农业栽培实用技术［M］. 北京：中国农业科学技术出版社.

何明强，2014. 竹木设施黄瓜高产优质栽培技术［J］. 云南农业（8）：33-34

黄河勋，林毓娥，梁肇均，等，2012. 广东栗味南瓜栽培关键技术［J］. 中国瓜菜，25（6）：55-56

黄兆琼，曾垒钢，2010. 设施茄子早收优质高效栽培技术［J］. 云南农业（8）：30-31.

孔亚丽，苗保朝，2014. 设施蔬菜瓜果安全优质高效栽培技术［M］. 北京：中国农业科学技术出版社.

李建松，2015. 温室空气湿度环境调节控制［J］. 黑龙江科技信息（6）：23.

李渊博，陈阳拓，顾红博，2008. 日光温室樱桃番茄高效栽培技术［J］. 陕西农业科学，54（6）：190-191.

梁肇均，马海峰，黄河勋，等，2011. 广东省设施蔬菜的现状与发展策略［J］. 福建农业科技（1）：97-99.

林佳福，邓稳桥，王安乐，2009. 大棚蔬菜环境条件分析及其综合调控技术［J］. 长江蔬菜（5）：28-30.

刘慧超，卢钦灿，肖卫强，2009. 水培生菜关键技术控制［J］. 长江蔬菜（15）：16-17

孟素艳，林保民，陈利国，2016. 设施蔬菜土壤污染的防治措施［J］. 河北农业（4）：42-43.

莫云彬，冯春梅，陈海平，2007. 设施茄子主要病虫害综合防治技术［J］. 现代农业科技（4）：79.

牛玉，戚志强，韩旭，等，2013. 矮壮素和乙烯利对樱桃番茄幼苗生长的影响［J］. 热带作物学报，34（12）：2353-2357.

亓德明，郭唯伟，张昕辉，等，2013. 水培生菜技术［J］. 蔬菜（2）：22-23.

邵永叙，2008. 设施黄瓜标准化种植技术［J］. 现代农业科技（5）：39-49.

谭巍，2010. 设施环境调控技术［J］，现代农业科技（5）：221-222.

王静肖，赵玉培，2015. 大棚蔬菜种植管理存在的问题及对策［J］. 科研（10）：38-39.

王蕊，杨小龙，马健，等，2016. 温室透光覆盖材料的种类与特性分析［J］. 农业工程技术（16）：8-12.

严妍，雷波，汪力威，等，2010. 不同昼夜温度对水培生菜生长和品质的影响［J］. 长江蔬菜（24）：39-42.

杨静慧，2012. 设施花卉学［M］. 北京：中国农业出版社.

喻景权，2011. "十一五"我国设施蔬菜生产和科技进展及其展望［J］. 中国蔬菜（2）：11-23.

喻晚之，洪香娇，张东萍，2015．设施茄子烟粉虱田间防治药剂的筛选［J］．长江蔬菜（8）：63-64．

张加放，李伟，2007．设施茄子灰霉病的发生特点与综合防治［J］．现代农业科技（21）：98-100．

张文武，2007．设施茄子优质高产栽培技术［J］．现代农业科技（16）：48．

张志新，2012．大田膜下滴灌技术及其应用［M］．北京：中国水利水电出版社．

赵晓燕，2016．设施迷你冬瓜高产栽培技术［J］．上海蔬菜（1）：25，67

周王鼎，王丽娟，2016．南方地区迷你型南瓜栽培技术［J］．中国瓜菜，29（4）：52-54．

庄华才，高芳云，何建齐，等，2012．4种营养液配方对水培日本牛油生菜的影响［J］．蔬菜，（7）66-68．